August Ulrich

Beiträge zur bündnerischen Volksbotanik

August Ulrich

Beiträge zur bündnerischen Volksbotanik

ISBN/EAN: 9783743365599

Hergestellt in Europa, USA, Kanada, Australien, Japan

Cover: Foto ©berggeist007 / pixelio.de

Manufactured and distributed by brebook publishing software (www.brebook.com)

August Ulrich

Beiträge zur bündnerischen Volksbotanik

Beiträge

zur

bündnerischen Volksbotanik

von

August Ulrich
a. Seminarlehrer.

Zweite, bedeutend vermehrte Auflage.

Davos
Hugo Richter, Verlagsbuchhandlung
1897.

Richter'sche Buchdruckerei in Davos.

Vorwort.

Als vor einem Jahre meine im Prättigau gesammelten Pflanzendialektnamen*) erschienen und ich die kleine Arbeit nach allen Gegenden des Kantons Graubünden versandte, richtete ich an die Leser die Bitte, solche Namen überall zu sammeln und mir zukommen zu lassen, damit später etwas Ganzes geschaffen werden könne. In ganz erfreulicher Weise habe ich nun aus fast allen Kantonsteilen Material erhalten und da schon die erste Auflage meines Werkleins überall Anerkennung gefunden, habe ich mich entschlossen, jetzt schon die zweite Auflage zu bearbeiten.

Für die neue Auflage erhielt ich Unterstützung durch die Herren Bardola, Seminarlehrer in Schiers, von Remüs, Camenisch, cand. theol., Sarn, Gadient, Lehrer in Balgach, von Trimmis, Kuoni, Lehrer in St. Gallen, von Maienfeld, Dr. Lorenz in Chur, Ludwig, Lehrer in St. Fiden, von Schiers, Mohr, Pfarrer in Schleins, Monsch, Pfarrer in Conters i. P., Obrecht, Pfarrer in Präz u. a. und danke ich auch an dieser Stelle für die freundliche Hülfe.

Berneck, Ostern 1897.

Der Verfasser.

---

*) Vide Jahresbericht der Naturforschenden Gesellschaft Graubündens, Band 36.

Abkürzungen.

C = Conters i. P.
Ch = Chur
F = Furna
Fi = Fideris
G = Graubünden
H = Herrschaft
Hn = Haldenstein
Hz = Heinzenberg
J = Jenins
Jz = Jenaz
M = Maienfeld
Ma = Malans
O = Obtasna
O E = Oberengadin
P = Prättigau
R = Remüs
S = Schiers
Sg = Schanfigg
Ss = Schleins
St A = St. Antönien
T = Trimmis
U E = Unterengadin
V = Versam

Verzeichnis der Pflanzendialektnamen.

Abies excelsa, Dec. Rottanne. Pegn (Hz). Die Fichtennadeln heissen Chrisnägel (St A und C). Die unter den Bäumen zum Streuegebrauch zusammengebrachten Chrisnägel heissen Bätsch (C), Pin (O), Petsch (R). Die Tannzapfen = las püschas d'pin oder d'petsch (Ss). Chrisnägel heissen Däscha (R).

Abies Larix Lam. Lärche. Läresch (Hz). Larsch (R) (Ss). Die Fruchtzapfen heissen las puschas d'larsch (Ss).

Abies pectinata, Dec. Weisstanne. Aviéz (Hz). Rot- und Weisstanne nennt man Tanne, dann, Tanzäpfe, Tanechries. Alleinstehende Tanne heisst Büsche (P und T). Hirtenknaben machen aus Tannenrinde Taschen, in welchen sie während des Sommers Tannenharz aufspeichern und dasselbe dann an die Bauern verkaufen; eine solche Tasche heisst Schgorz*) (S). Tannharz in jeder Hausapotheke! Ein Harzbletz ist das beste Zugpflaster: das Harz wird mit dem heissen Pfannenstiel geschmolzen und sofort aufgelegt; man darf „au" schreien (M). Kommen aus einem Stocke zwei Tannenstämme hervor, so heisst man sie Zwierggele: gilt auch für andere Bäume (P).

---

*) Dürfte vom romanischen Schgorza — Tannenrinde abzuleiten sein (Hz).

Acer platanoides L. Platanenartiger Ahorn. Regestiel (P).

Acer pseudoplatanus L. Berg-Ahorn. Ahore (S). Ischier (Hz). Die Früchte heissen Gyre (S), Nasespiegel (C), L'aschér (Ss), Aschér (R), Ischi (Oberland).

Achillea moschata. Wulf. Bisamduftende Schafgarbe. Wildfräulichrut. Ive (P), Iva (R), Iva (U E).

Aconitum. Eisenhut. Fava, auch Name für andere Giftpflanzen (Hz). Colymb (U E).

Aconitum Napellus L. Wahrer Eisenhut. Wolfwurze (S). Culüm blau. Aconit alpin (R).

Aconitum Lycoctonum L. Eisenhut. Wiss Wolfwürze (St. A).*) Culüm alb (R).

Actaea spicata L. Aehrentragendes Christophskraut. Spia d'luf (R).

Adenostyles albifrons. Rchb. Drüsengriffel. Schinderchrut (St. A).

Adonis autumnalis L. Herbst-Adonis. Bluetströpfli (P).

Aegopodium Podagraria L. Gemeiner Geissfuss. Geissschärlig (S).

Aesculus Hippocastanum L. Gemeine Rosskastanie. Ross-Chestene (P).

Agrostemma Githago L. Kornrade. Fluor da séjel (R). Fluor cotschna (U E).

Aethusa Cynapium L. Hundspetersilie. Petersilia da chan (R).

---

*) Die Dialektnamen wildwachsender Pflanzen St. Antöniens entnahm ich grösstenteils der sehr interessanten Arbeit von Prof. Dr. Schröter, Zürich: Das St. Antönierthal im Prättigau (Landwirtschaftliches Jahrbuch der Schweiz, 9 Band).

Alchemilla vulgaris L. Gemeiner Sinau. Taubletter (S). Taumantel (Hn).

Alchemilla alpina L. Alpensinau. Taubletter (S). Silberchrut (St. A).

Alectorolophus hirsutus All. Klappertopf. Schtgélas pl. (Hz).

Alectorolophus major, Wim. Grab. Grosser Klappertopf. Kläffe (S). Chlaffe (J und T). Cláffa (U E).

Algae chlorophyceae. Algen. Ritschas (R).

Allium. Lauch. Ervas brignas (Hz). Tschigóla (R).

Allium Cepa L. Gemeine Zwiebel. Bölle (P). Tschiuólas, in Gärten (Ss).

Allium Porrum L. Gemeiner Lauch. Lauch (P).

Allium sativum L. Knoblauch. Chnoble (P). Aigl heisst die Zwiebel dieser Pflanze (Hz). Agl (R). Ail = Pflanze, davon die Zwiebel = risch d'ail, in Gärten (Ss).

Allium Schönoprasum L. Schnittlauch. Schnittlächt (S). Tgavaiungs pl. (Hz). Gschmätter (P). Letzterer Name gilt auch für Petersilie, überhaupt für alles Grüne, was auf die Suppe kommt (P). Schávgia (R). Puoros (Süs) Tschitlúns (Ardez und Fetan).

Allium Victoralis L. Allermannsharnisch. Allimanharnischwurze. Die Wurzeln bringen Glück ins Haus, besonders in finanzieller Beziehung und werden in Kästen und Kommoden versorgt: man unterscheidet „Mannli“ und „Wibli“ (S). Wenn die Stube mit der Wurzel geräuchert wird, kann keine Hexe drinnen verweilen. Die gabelförmigen Wurzeln sollen noch viel schärfer wirken. Zu gleichem Zwecke nagelte man auch etwa solche Wurzeln an Haus- oder Stalltüren, oder legte sie Kindern in die Wiege (C).

Alnus viridis, Dec. Alpen-Erle. Tros (P). Draussa (Hz).

Alnus glutinosa Gärtn. Schwarzerle. Ogn heisst die Pflanze, Ogna - Erlenwald oder Gebüsch (Hz). Ogn = Pflanze Ogna pl. (R und Ss).

Alnus incana Dec. Graue Erle. Ras, Rassa pl. (R).

Althaea officinalis L. Gebräuchlicher Eibisch. Ibsche (P)

Anemone. Für alle Anemonenarten hat man den Sammelnamen Tulipane (C).

Anemone Hepatica L. Dreilappiges Windröschen. Bleiseblüemli (S). Diese Pflanze, sowie Primula acaulis sind die ersten Frühlingsboten (P). Merzeblüemli, Leberblüemli (T), Waldblüemli (S).

Anemone Pulsatilla L. Küchenschelle. Fluor d'luf (R).

Anemone vernalis L. Frühlingswindröschen. Schneeglocke (St. A). Ist auch unter dem Namen Isechrut bekannt (C).

Anthemis nobilis L. Trugkamille. Tannája (R).

Anthriscus sylvestris. Hoffm. Grosser Klettenkerbel. Rosschümmig (S). Pulitg salvatg (Hz).

Anthyllis Vulneraria L. Gemeiner Wundklee. Pégaglina (Hz).

Apium graveolens L. Sellerie. Séleri, in Gärten (Ss).

Arnica montana L. Wohlverlei. Schneeberger; wird in den Alpen gesammelt für den Hausgebrauch oder zum Verkaufe (S). Arnica, starnüdélla (R).

Aronia rotundifolia Pers. Felsenmispel. Tschispèr, Tschispa (R und U E).

Artemisia Absinthium L. Gemeiner Wermuth. Wurmuoth. In Kleiderkästen wegen den Schaben (P). Wermuth wird hier mitunter Rückechrut genannt (C). Ussén (R). Isiens (Hz).

Artemisia vulgaris L. Beifuss. Tgenta sogn gion (Hz).

Arctostaphylos uva ursi. Sprgl. Bärentraube. Giaglüdas d'lain (Süs). Rausch (R).

Aspidium. Schildfarn. Farre (P). Farrenkräuter werden an vielen Orten gesammelt, um Viehstreue daraus zu erhalten (S). Wenn Jemand auf grünen Farrenkräutern liege, so erblinde er. Der Absud wird zur Abtreibung von Würmern gebraucht (C). Felesch pl. (Hz). Felschs, wird zu Streue gesammelt (U E). Fels (R).

Asplenium Ruta muraria L. Streifenfarn. Murechressig (S).

Atropa Belladonna L. Tollkirsche. Bella donna (R).

Avena sativa L. Gemeiner Hafer. Aveigna (Hz). Avaina, flöder (R und Ss).

Bartsia alpina L. Bartschie. Rossstengel. Pulverisiert gegen Eiterbeulen gebraucht (St. A).

Bellis perennis L. Ausdauerndes Maasliebchen. Gaasblümli (S und T). Gaisblüemli (F). Geröstet in einem Säckchen auf den Magen gebunden gegen Erbrechen oder Grimmen bei Säuglingen: soll sehr wirkungsvoll sein (C).

Berberis vulgaris L. Gemeiner Sauerdorn. Die Früchte heissen Spitzberri. Diese werden mit Zucker eingemacht („hunge"). Die Wurzel heisst Gälhagel und werden solche ausgegraben und verkauft: man benutzt sie als gelbes Färbemittel (S). Die Früchte heissen Geisberri (T). Die Pflanze wird hier Spinatga, die Frucht Vinatga genannt (Hz). Arschüclèr spinatscha, arschúcla [fröt] (R). Der aus den Früchten bereitete Honig ist ein vortreffliches Mittel gegen Husten, Verschleimung der Lunge, ärztlich empfohlen. Nicht nur die Wurzel, sondern die ganze Pflanze heisst Gälhagel. Die Wurzel wird zum Gelbfärben benutzt. Die Blätter werden von den Kindern gegessen, machen aber „spitzige“ Zähne (M). Spitzberrisaft wurde früher etwa zu Schminke gebraucht, so wird z. B. von „Gättlig“ (Hengertburschen) erzählt, sie hätten am darauffolgenden Morgen einen roten Mund gehabt in Folge Abfärbens. Die Wurzeln wurden laut Bericht früher hier ziemlich oft verkauft als gelbes Färbemittel (C). Spinàtscha, die Frucht Vignàtscha (O).

Beta vulgaris var. cicla L. Gartenmangold. Mengelt. Chrut. Aus den Stielen macht man Gemüse, aus dem ganzen Blatt auch eine Art Spinat. Die Pflanzen werden in grossen Quantitäten in Kesseln gesotten und in Standen als Schweinefutter eingemacht (S). Der Absud aus Mangeltwurzeln wird mitunter den Kühen gegeben und zwar 14 Tage nach dem Kalbern zur Reinigung (C). Piessa costas albas, ronas (R). Péssas e rónas, in Gärten angebaut (Ss).

Beta vulgaris var. rapacea. Koch. Runkelrübe. Runggelruebe. Runggle. Die rote Abart heisst Rande. Erstere Pflanze wird zu Schweinefutter verwendet, letztere als Gemüse für den Menschen (S). Rande wird hauptsächlich eingemacht und als kalte Schale verwendet (M).

Betula alba L. Weisse Birke. Birche oder Birhe. Besmeries (S). Birkensaft (im Mai angebohrt) wurde auch etwa als Waschmittel zur Erlangung eines weissen Teints gebraucht (C). Badúgn (Hz). Badúogn, Vduogn (R und Ss).

Boletus. Röhrenpilz. Bulái (R).

Brassica Napus L. var. rapifera. Kohlrübe. Chollräbe. Bodechollräbe (S und C). Bodechropf (Ma).

Brassica oleracea L. var. capitata. Kopfkohl. Die eine, mit den mehr krausen Blättern, heisst Chöl. Die andere, mit den festen Köpfen, heisst Chabis (S). Storze nennt man das, was stecken bleibt, nachdem man die Köpfe abgeschnitten (S). Aus Chabis macht man Sauerkraut, roh aufgelegt gut gegen Brand, Entzündungen etc. (M). Cops (R). Gibus oder Giabus (Ss). Sauerkraut heisst Ravitscha (R).

Brassica oleracea L. var. botrytis. Blumenkohl. Cartiöl (Ss).

Brassica oleracea L. var. gongylodes. Kohlrabi. Obenuffchollräbe (S). Oberchollräbe (M). Colràvas (Ss).

Brassica oleracea L. var. sabauda. Wirsing. Welschkohl. Versas (Ss).

Brassica rapa L. var. rapifera. Weisse Rübe. Räbe (S). Grundräbe (St. A). Ráva (R). Die Herbstrübe Stechs (R). Rava alba (Ss).

Briza media L. Mittleres Zittergras. Zitterli (S). Grass-pass-ars (R).

Bromus sterilis L. Trespe. Erva pardaúnca (Hz).

Calluna vulgaris. Sbsbry. Gemeine Heide. Bruch (S). Sephi, ist schädlich im Dürrfutter, treibt den Kühen die Frucht ab (M). Brücha (Hz).

Caltha palustris L. Gemeine Dotterblume. Bachbumme (S). Fröscheblüemli (St. A). Muettere (G)*) heisst hier wie die Trollblume Wasserrolle (C).

Campanula. Glockenblume. Schlops (R).

Cannabis sativa L. Gemeiner Hanf. Tregel, Hampf. Die klein gebliebenen Stengel nennt man Rätsch. Das Gerät, mit dem man den Hanf verarbeitet, heisst Rätsche; mit dem gleichen Ausdruck bezeichnet man eine Schwätzerin (S). Die Blüten des weiblichen Hanfes heissen Fimmel. Tregel heisst die Pflanze überhaupt (T). Còvan = Pflanze, Sem. cóvan = Frucht derselben (Hz). Die Hanffasern heissen Lint; der letzte Abfall heisst Stuppe oder Ghüder; den Hanf auf die Wiese hinauslegen nennt man Hanfrözen (C). Ch'anva, Ausdruck für Hanf, überhaupt, der männliche Hanf heisst femnella oder chanva máschel (R). Chanv (Ss).

Capsella Bursa pastoris. Mönch. Hirtentäschchen. Seckäüthör (S). Seckelichrut (M). Täschlichrut (J).

Carduus Spec. Distel. Cardúngs, allgemeine Bezeichnung für die Distelarten (Hz). Chardún (R).

Carduus crispus L. Distel. Laditschúngs pl. (Hz).

Carlina acaulis L. Stengellose Eberwurzel. Dorechnöpf, Eberwurze (S). Käsdorn (St. A). Barschúngs

---

*) Vide: Beiträge zur Kenntnis der Matten und Weiden der Schweiz von Dr. Stebler und Prof. Dr. Schröter. (Landwirtschaftliches Jahrbuch der Schweiz, V. Band.

(Hz). Dem Vieh pulverisiert unter Salz gegeben, hat die Wurzel magenstärkende und Durchfall hemmende Wirkung (C). Gröffels (R).

Carpinus Betulus L. Gemeine Hainbuche. Hagebueche (S).

Carum Carvi L. Gemeiner Kümmel. Chümmig (S). Pulitg (Hz). Kümmelsuppe ist ein vortreffliches Mittel gegen Leibschmerzen (M). Pulé (R). Pulé (U E).

Castanea vesca. Gärtn. Aechte Kastanie. Marre, Chestene heissen die Früchte (S). Der Baum heisst Castagnér, die Frucht la chastágna, die Frucht noch frisch in der Schale il marün (Ss). Marun (R).

Centaurea Cyanus L. Kornblume, blaue Flockenblume. Fluor blaua (R). Flur bläua oder flur del séjel (Ss).

Centaurea Jacea L. Gemeine Flockenblume. Trommechnebel (J).

Centaurea Scabiósa L. Flockenblume. Bárbas buc (Hz). Cheu d'botsch (R).

Cetraria islandica L. Isländisches Moos. Massegge. Lunggechrut (S). Massikke (St. A). Massegge wird beim Vieh gegen Nabelbrüche gebraucht. Die Blätter (Thallus) werden aufgebunden und zugleich wird dem Tier Thee von den Blättern gegeben (C). Erba smaladida (R), isländisches Moos, wird in jeder Hausapotheke als Mittel gegen hartnäckigen Husten, sogar gegen Auszehrung gebraucht und gehalten. Wenn Thee nicht mehr hilft, kocht man's zu einer dicken Gallerte ein mit Kandiszucker, sticht davon ab und nimmt's in Kaffee (M).

Chaerophyllum Villarsii. K. Kälberkropf. Tschiggaue (St. A). Fluor da püpas oder da plózgers (R).

Cheiranthus. Lack. Diverse Arten. Vieli (T).

Chelidonium majus L. Gemeines Schöllkraut. Wärzechrut. Wird zum Vertreiben von Hautwarzen gebraucht (S). Man verwendet die Pflanze auch gegen Sommersprossen, vertreibt sie aber so wenig als die Warze (M). Lavarcie (Hz). Wird auch gegen Gelbsucht angewendet: in -Strümpfen oder Schuhen mit sich herumgetragen, soll es dieser Krankheit wehren, wie mir einer, der es selbst probiert hat, fest versicherte (C).

Chenopodium Bonus Henricus L. Ausdauernder Gänsefuss. Heimele, wilde Burket: wird als Schweinefutter benutzt (S). Heimelechrut wird auch als Gemüse gebraucht (C). Vaungas pl. (Hz). Ravítscha grássa (R).

Chenopodium polyspermun L. Gänsefuss. Feck (S).

Chrysanthemum Leucanthemum L. Gemeine Wucherblume. Margritli. Kinder rupfen die weissen Zungenblüten ab und sagen dazu: „Er liebt mi, er liebt mi nid"; oder: „E riche, en arme, e Wittlig, e Chnab, er liebt mi vo Herze, vo Schmerze, e wenig, gar nid (S).

Cichorium Intybus L. Gemeine Cichorie Cicória (R).

Cirsium spinosissimum Scop. Kratzdistel. Wissdorn (St. A).

Cirsium acaule. All. Stengellose Kratzdistel. Mórder (R).

Cladonina rangiferina L. Renntierflechte. Cyprian. Busétga (Hz).

Sage: Ein Senne hatte die schönste Alp und das schönste Vieh. Böse Hexe verwünscht:

Cyprian, Muttern und Ritz,
Seien vertflucht über Berg und Spitz."

Gute Fee will den Zauber gut machen, vergisst aber den Namen der Flechte und spricht nur:

„Muttern und Ritz,
Seien gesegnet über Berg und Spitz." (M)

Fient schreibt in seiner interessanten Arbeit über das Prättigau*) hierüber folgendes: Gewisse Kräuter, wie z. B. Allemannsharnischwurz, haben hier wie anderswo wunderbare Kraft und Wirkung. Sie gehören nicht ins Gebiet des medizinischen Aberglaubens, nach welchem dieser oder jener Pflanze mit Unrecht oder in übertriebener Weise natürliche Heilkraft zugeschrieben wird, sondern sie stehen im Banne des Zaubers, denselben übend oder ihm wehrend, oder auch ihm erliegend. Letzteres passierte bekanntlich dem Cyprian.

Der Zauber ging von der Davoser Todtalp aus. Der Aberglaube konnte sich mit dem toten Serpentinstein nicht begnügen und es nicht ruhig hinnehmen, dass diese schönen Rodenformationen, diese Ebenen, Mulden und mählig ansteigenden Hänge nicht wie der anstossende, überaus liebliche Persenerberg Kräuter, Gras und Blumen tragen sollen. Einmal mussten sie das gethan haben. War auch wirklich so. Die Gegend war die schönste und fruchtbarste Alp weit und breit,

*) Vide G. Fient: Das Prättigau. Ein Beitrag zur Landes- und Volkskunde von Graubünden.

üppig bewachsen mit den besten und milchreichsten Gräsern und Kräutern, die es in den Alpen überhaupt gab, nämlich mit Cyprian, Mutterna und Riz.

Solches Weidefutter erzeugte soviel Milch, dass die Kühe täglich dreimal gemolken werden mussten. Viel Milch, viel Arbeit und da die Sennerin lieber ein bequemes Leben geführt hätte und eine Hexe, wenn auch eine schöne, junge, aber eben doch eine Hexe war, so rief sie eines Abends statt des Alpsegens den bösen Spruch über die Alp:

„Nämm der Tüfel über Gred und Spitz
Cyprian, Mutterna und Riz!“

Ein alter Mann, der dies hörte, setzte dem Fluch das Segenswort entgegen:

„G'sägener Gott Mutterna und Riz
Ueber all' Gared und Spitz.“

Den Cyprian hatte er vergessen, weshalb derselbe jetzt nur als totes Gras mehr wächst und wahrscheinlich aus diesem Grunde, als Thee genossen, auch so thranig-bitter schmeckt.

Clematis Vitalba L. Gemeine Waldrebe. Niele (S und T). Nielenstengel sind die ersten Cigarren der Knaben: mit Nielen bindet der Bauer die Garben (M).

Cochlearia Armoracia L. Meerrettig. Cregn (R).

Colchicum autumnale L. Gemeine Zeitlose. Herbstzeitlose, Hundshode. Die Blätter nennt man auch Hanne (S). Die Blätter und Früchte heissen auch Hosenbunte, Skitzeln (G). Zeitlose morgens nüchtern tannass gegessen, ist ein Mittel gegen Gelbsucht — gefährlich und unnütz! Verwendung der Blätter im

Frühling zum Eierfärben, Gürtelmachen (M). Malóm, Satalogs, Bezeichnung für die Pflanze (Hz). Die Samenkapsel heisst Pulla (C). Rócca, popparélla clav, pezs föglias della rocca (R). Minchületta d'utuon*) (R). Las clavs d'utón (Ss).

Convallaria majalis L. Wohlriechende Maiblume. Majäriesli (S). Flurs sogn Gion (Hz).

Convolvulus arvensis L. Ackerwinde. Winde. Von diesem, namentlich in den Weinbergen lästigen, beinahe unausrottbarem Unkraut hört man etwa die Redensart: sie gehen hinunter bis auf die Höllenplatte und dort seien sie erst noch widernietet (Ma). Curáias (R).

Convolvulus sepium L. Zaunwinde. Glogge (Sg). Parvénglas (Hz).

Cornus sanguinea L. Roter Hornstrauch. Curnàl (Hz). Bluetruetha (J). Nägelhülzi (Hn).

Coronilla varia L. Bunte Kronwicke. Coronélla (R).

Corylus Avellana L. Gemeiner Haselnussstrauch. Hasle (S). Cóller heisst die Pflanze. Die Früchte heissen Nicholas (Hz). Coller, nitscholèr (R). Mit Haselruten kann man den Schlangen den Rückgràt zerschlagen (M). Den Blüten sagt man hier Zelleni (C). Il coller und il nitscholèr. Die Frucht heisst la nitschola (Ss).

Cratraegus Oxyacantha L. Gemeiner Weissdorn. Mehlberri (S). Gúratlé. Die Frucht heisst Tgeia stretgs (Hz). Clafnèr, Clatnèr (R).

---

*) Vide: Il tramagliunz.

Crocus vernus L. Frühlingssafran. Früeligzitlose (S). Reifenhüet (St. A). Geissblüemli (C). Fueterreif (F). Futterreifen (Sg). Popparella. clav (R). Nitschola (U E). Las clavs d'prümavaira (Ss). La minchületta (O E).

Cucumis sativus L. Gemeine Gurke. Guggummare heissen die Früchte (S).

Cucurbita Pepo L. Gemeiner Kürbis. Chürbse nennt man die Früchte (S). Die Frucht heisst Sétga (Hz). Züeha (R). Die Samen der „Chürbse“ werden als würmerabtreibendes Mittel gebraucht (C).

Cuscuta europaea L. Flachsseide. La rióna (R).

Cyclamen europaeum L. Europäische Erdscheibe. Gätzeli (S). Hasenöhrli (Ch).

Cydonia vulgaris Pers. Gemeiner Quittenbaum. Chöttenebomm; Chöttene heissen die Früchte (S). Die Früchte werden eingemacht (M).

Cypripedium Calceolus L. Frauenschuh. Pfaffeschue (S). Calcés, Pantófllas (Hz). Schárpa del Segner (R). Trumpeschue (Fi).

Dactylis glomerata L. Gemeines Knäuelgras. Der Halm heisst Fastü (R).

Daucus Carota L. Gemeine Möhre. Rüebla (Süs). Risch mélna (Ss). Risch jelga (R).

Daphne Mezereum L. Gemeiner Kellerhals. Camélea*), Paiver mondau (R).

*) Vide: Il tramagliunz. 1865.

Delphinium Consolida L. Feldrittersporn. Sprun da champagna (R).

Dianthus. Diverse Nelkenarten. Négla (Hz). Dianthi neglérs, die Blumen = las néglas (Ss u. R).

Dianthus barbatus L. Bartnelke. Puschlenägeli (T).

Dianthus Caryophyllus L. Gartennelke. Nägeli (S).

Dianthus sylvestris. Wolf. Wilde Nelke. Steinnägeli (S und T). Négla (R).

Digitalis ambigua. Murr. Blassgelber Fingerhut. Fluor danclèr (R).

Elymus europaeus L. Haargras. Sidegras (S).

Equisetum. Schafthalm. Chatzeschwanz (S). Dient zum Putzen von Zinngeschirr wegen des Kieselerdegehaltes (M). Wird zur Abtreibung der Frucht benutzt (C).

Equisetum arvense L. Ackerschafthalm. Ceúvas gat (Hz).

Erica carnea L. Heide. Bröl (R).

Eriophorum latifolium. Hoppe. Breitblättriges Wollgras. Bauzeli, Wolfwurze (S).

Eugenia caryophyllata. Thnbg. Gewürznelke. Stachetta (R).

Euphorbia Cyparissias L. Cypressenwolfsmilch. Eselmilch (S). Lat d'stria (R).

Euphrasia officinalis L. Gemeiner Augentrost. Augstezieger (S). Weiddiebe (Klosters). Letzterer Ausdruck ist deswegen interessant, weil er die Ansicht neuerer Botaniker unterstützt, dass Augentrost auf andern Pflanzen, namentlich auf dem Klee, schmarotze. Herbstbluest (Fi).

Evonymus europaeus L. Gemeiner Spindelbaum. Pfaffenchäppli (S). Spindelbaumholz wird verwendet für hölzerne Schusternägel (M).

Exobasidium Rhododendri. Cram. Alperose-Chäs (anderwärts „Alperosen-Oepfeli"), die rotbackigen Miniatur-Aepfelchen an den Alpenrosenblättern: es sind Pilzgallen (St. A).

Fagus sylvatica L. Gemeine Buche. Bueche. Die Hüllen der Buchennüsse heissen Igel (S). Fau heisst der Baum, die Frucht Nuschpignas (Hz). Die Hüllen der Nüsse nennt man Eschgi (C). Il fau (Ss).

Ficaria verna. Huds. Scharbockskraut. Glinseli (T).

Filices. Farnkräuter. Farre (S und T). Fels (R).

Föniculum officinale All. Gemeiner Fenchel. Finóch, wird zu Thee gebraucht (Ss und R).

Fragaria vesca L. Wilde Erdbeere. Erdberri, Falganas und Fanganas (S). Freia (Hz). Fraja (R). Ein Reiter soll vom Pferd steigen, um eine Erdbeere zu pflücken; eine Frau soll die Beere zertreten. Allgemein: Die Beeren sind für Knaben und Männer gut, für Mädchen und Frauen nicht. Namentlich zur Zeit der Menstruation nicht Erdbeeren essen! (M). Sprichwort: Wenn ein Reiter eine Erdbeere sehe, soll er vom Pferde steigen und sie pflücken: das Weib aber soll droben bleiben. Die Beeren sollen gegen Erfrieren der Gliedmassen gute Wirkung haben (C). Fräjas [pl.] heisst die Frucht, die Pflanze la flur da fräjas (U E).

Fraxinus excelsior L. Gemeine Esche. Esche (S). Fréssau (Hz). Der Rindenabsud soll gegen starken Durchfall gut sein. Aberglaube: Wenn man an besondern Tagen in der Nacht um 12 Uhr eine Esche fälle, so sollen dann die Splitter aus dem Holze dieser Esche eine wunderbar wundenreinigende Wirkung haben. Axt- oder Zapin- etc. Halme aus Eschenholz haben auf den Arbeiter eine aufregende Wirkung. Es sagte mir Jemand, er habe eine Zeit lang mit solchen Werkzeugen gearbeitet und sei dann soweit gekommen, dass er beinahe nicht mehr habe arbeiten können vor Schmerz in den Armen: da habe er auf Weisung eines andern diese Werkzeuge weggetan; dies habe eine vollständige Besserung zur Folge gehabt. Einem andern sei es ebenso gegangen, weil er eine Mistgabel in gleicher Weise gebraucht habe (C). Il fraisen (Ss). Frasen (R).

Fungi. Pilze, giftige. Buléus (Hz).

Fungi. Pilze, essbare. Burácels pl. (Hz).

Fungi. Pilze überhaupt. Toffas d'luf, bulais (R).

Galanthus nivalis L. Gemeines Schneeglöckchen. Schneeglöggli (S).

· *Galium Aparine L.* Kletterndes Labkraut. Chläberne (S). Chlibere (J). Rèuva (Hz). Chlübere (Ma).

Gentiana. Enzian. Schlops (R).

Gentiana acaulis L. Stengelloser Enzian. Gloggeblueme, Chessler (S). Kesslers pl. (Hz).

Gentiana lutea L. Gelber Enzian. Jenznerwurze (S). Wissjenze (J) Genziana [ragisch da] (R). Wird gebrannt (M und S).

Gentiana punctata L. Enzian. Gienzáua. Die Wurzel wird zur Destillation gesammelt (U E).

Gentiana purpurea L. Enzian. Rotjenze (J). Die Wurzel heisst Risch d'ansauna (Hz).

Gentiana verna L. Frühlingsenzian. Grifle (C). Schlops (R).

Geranium. Geraniengewächse. Geraniums, in Zimmern gehalten (Ss.)

Geranium Robertianum L. Stinkender Storchenschnabel. Gottesgnad (S). Wird gegen Geschwulsten angewendet (S.

Geranium sylvaticum L. Waldstorchenschnabel. Nagelchrut (S). Baréta (Hz). Erba da furchéttas (R).

Geum montanum. Sprengl. Bergnelkenwurz. Trüebwürze, gut gegen die „Trüebi“ = Bluthainen (St. A). Bluetwurze (Hn). Trüebchrut oder Trüebwurze. Ausser gegen die Trüebi auch gegen Durchfall benutzt. Mitunter wird die Pflanze auch Tüfelsabbiss genannt (C).

Gnaphalium dioïcum L. Zweihäusiges Ruhrkraut. Chatzetäpli, Ewigkeitsblüemli (S). Majesässblüemli (J). Métgas pl. (Hz).

Gossypium herbaceum L. Baumwollenpflanze. Cutun, pingola (R).

Gramineen. Gräser. Gras (S). Erba (R).

Gymnadenia odoratissima Rich. Naktdrüse. Geiss, weil die Wurzeln wie ein Euter gestaltet sind (St. A).

Hedera Helix L. Gemeines Epheu. Ebheu (S).

Helleborus niger L. Schwarze Nieswurz. Risch starnüdella (R).

Helianthus. Sonnenblume. Fluor da solai (R).

Heracleum austriacum Jacq. Oesterreichische Bärenklau. Réna (Süs und Ardez).

Heracleum Sphondylium L. Gemeine Bärenklau (S und T). Schärling (Nufenen). Schärligstengel (St. A). Pagnge (G). Argiavéna (Hz). Razvenna (R).

Hippophaë rhamnoides L. Sanddorn. Sprengberri. Sprengberri ist auch Sammelname für alle giftigen Beeren, oder die auch nur als giftig unter dem Volke gelten (S). Sanddöre (T). Tubakröhrlistude (C). Beiwide (Ma). Wird zu Stallbesen oder sonstigen groben Besen benutzt (Ma).

Hordeum. Gerste [allgemein]. Dumieg (Hz).

Hordeum vulgare L. Gemeine Gerste. Girst. Vierecker (S), hat im Volke meist den Namen Girsti Chore (C).

Hordeum hexastichum L. Sechszeilige Gerste. Sechsecker (S). Dütsches Kore (J).

Hordeum distichum L. Zweizeilige Gerste. Zweiecker, Schindelchore (S). Jérdi bezeichnet die Kornfrucht und auch im allgemeinen die ganze Pflanze (Ss). Ïerdi oder jerda, la jotta von der Hülle befreite Körner (R).

Hymenomycetes. Hutpilze. Chrottetächer (T).

Hyoscyamus niger L. Bilsenkraut. Fluor da sunteri (U E).

Hypericum perforatum L. Gemeines Johanniskraut. St. Johannischrut (S).

Ilex Aquifolium L. Gemeine Stechpalme. Stechlaub (P).

Imperatoria Osthrutium L. Gemeine Meisterwurz. Astränze (P und M). Die Wurzel [dürr] geschnitten wird als Räucherwerk gegen Stinkluft, auch allgemein gegen Hexen gebraucht (M). Rena. Die Blätter werden auf Wunden, besonders eiternde, gelegt (Hz). Die getrockneten Wurzeln werden in den Kleidertaschen mitgetragen als Mittel gegen Zahnweh, oder auch an einer Schnur auf der Brust, um allerlei Krankheiten Krankheiten fernzuhalten (S). Wird geraucht gegen Zahnweh, z. T. auch unter Tabak gemischt. Der Aberglaube gebraucht auch diese Pflanze, um durch den gewonnenen Rauch die Hexen aus der Stube fern zu halten, ganz ähnlich wie bei der Allimanharnischwurze (C). Renna (R).

Iris germanica L. Deutsche Schwertlilie. Ilie (S).

Juglans regia L. Wallnussbaum. Nussbom: Pöllernuss heissen die grossen Früchte (S). Nussbaumlaub darf man den Kühen nicht streuen, verringert den Milchertrag und macht die Milch schlecht. Man streut es aber den Kühen, die „galt“ werden sollen und nicht aufhören wollen, Milch zu bilden. Die grüne Hülle der unreifen Nüsse heisst Brätschle (M). Die Nuss von der Hülle befreien heisst man Nussabbrätschle (M und S). Nugé = Baum, nusch = Frucht desselben (Hz). Nugér = Baum (Oberland). Nuschèr = Baum, nusch Frucht (R).

Juniperus communis L. Gemeiner Wachholder. Reckholder. Die Scheinbeeren dienen zur Herstellung des Wachholderbranntweins, als Gewürz in das Sauerkraut und zum Räuchern der Zimmer. Aus Blättern und Zweigen macht man Thee, desgleichen aus der holzigen Wurzel der männlichen Pflanze, indem man aus dieser Spähne macht und in heissem Wasser kocht. Letzterer Thee wird namentlich als Mittel gegen Asthma getrunken (P). Gianévér = Pflanze, puma gianévra Frucht (Hz). Sephi (T). Gioc Staude (R). Ginaiver = Beere (U E). Aus Wachholderbeeren und

Wachholderholz macht man Thee gegen Wassersucht [wasserabtreibend]. Die Beeren werden auch gegen Magenkrankheiten gegessen. Solche Beeren und Eberwurz und Enzian werden auch dem Vieh gegen Verwindung und schwere Verdauung gegeben, namentlich im Herbst (C).

Juniperus Sabina L. Sadebaum. Ueberträgt den Rost auf die Apfelbäume (M). Sephi (T). Savigna (R). Savina (Ss).

Lactuca sativa L. Garten-Salat. Saláta (Ss u. R).

Lamium album L. Weisse Taubnessel. Wilde Nessla (J). Urcicla salvatga (Hz). Urtia mòrta (R).

Lamium maculatum L. Gefleckte Taubnessel. Beide Taubnesselarten heissen Nachtschatte (S). Wilde Nessle (J).

Lappa minor, Dec. Kleine Klette. Bariès pl. (Hz).

Laserpitium latifolium L. Laserkraut. Geiss-Schärlig, Berg-Schärlig (St. A).

Laurus camphora L. Kampferbaum. Gamfer (R).

Laurus nobilis L. Edler Lorbeer. Lorbonebletter (S). Arbàja, fŏglia e öli d'arbaias (R).

Laurus cinnamomum L. Zimmtbaum Chanella, scorza d'chanella · Rinde, poms d'chanella – Frucht (R).

Lavandula vera, Dec. Schmalblättriger Lavendel. Lavander. Aus den Blättern macht man Lavanderwasser, das als Riechwasser dient (P).

Leontodon Taraxacum L. Gemeiner Löwenzahn. Schwibluome, Schwistöck (P). Flurs piertg (Hz). Die zarten Blätter werden zu Salat benutzt (C). Plantas, fluor da chadagna (R).

Lepidium sativum L. Garten-Kresse. Creschün d'üert (R).

Levisticum officinale. Koch. Liebstöckel. Wird in Gärten als Arzneipflanze angebaut und heisst Laubstöck (St. A).

Ligustrum vulgare L. Gemeiner Hartriegel. Die Früchte heissen Geissberri (S).

Lilium. Lilie. Gilgia (R).

Lilium bulbiferum L. Knöllchen tragende Lilie. Goldrose (S). Steirose (T). Tulipána, oder Machója (Süs). Fanzógna (R).

Linum usitatissimum L. Gewöhnlicher Lein. Glin heisst die Pflanze, die Frucht sem glin (Hz). Glin (Ss und R).

Lonicera nigra L. Schwarzes Geissblatt. Babrolèr, bavrolèr (R).

Lonicera Xylosteum L. Gemeines Geissblatt. Sprengberri (T).

Malva rotundifolio L. Rundblättrige Malve. Erva magnuca (Hz).

Malva silvestris L. Wald-Malve. Mälve wird in Gärten gezogen (Ss). Malva, fluor da chischolas (R).

Malva vulgaris. Fries. Gemeine Malve. Pappele. Die Früchte heissen Chäsli (S). Chäslichrut, Pappele. Der Absud ist ein vortrefflliches Mittel gegen eiternde Wunden (M).

Matricaria Chamomilla L. Aechte Kamille. Karmille (S). Vorzüglich für Thee, Umschläge, baden bei eiternden Wunden (H und P). Chaminélla (R). Chaminella wird zu Thee gebraucht und in Gärten gezogen (Ss).

Medicago sativa L. Schneckenklee. Luzerne. Spogna (R).

Melandrium diurnum Crèp. Taglichtnelke. Hahnefuess (S). Fetthenne (St. A).

Melilotus cærulea. Willd. Blauer Honigklee. Ziegerchrut (S).

Mentha. Münze. Érvas tguras (Hz).

Mentha arvensis L. Ackermünze. Ménta (Ss u. R).

Mentha sylvestris L. Wilde Münze. Chatzechrut (S). Ziegerchrut (St. A). Menta sulvadia (R). Die Blätter, im Schatten gedörrt, dann in Schweineschmalz eingerieben, gut gegen Verstreckung der Gliedmassen (C).

Meum Mutellina. Crantz. Alpenbärenwurz. Mutterne (S). Murligna (Hz). Mattun (R). Mutterne, Mutternewurzeln werden als fruchtabtreibendes Mittel verwendet (C) Mattún (Ss).

Musci. Moose. Müschel (R).

Myosotis palustris. With. Sumpf-Vergissmeinnicht. Chatzenäugli (T).

Myricaria germanica. Desv. Deutsche Tamariske. Sephi (S und T).

Myristica moschata. Thnb. Muskatnussbaum. Die Frucht heisst nusch nus-chat (R).

Narcissus. Narcisse. Narcissa (R).

Narcissus poëticus L. Rotrandige Narzisse. Muntblueme: der Name Munt stammt von den Berggütern Munt hinter Fanas in nordwestlicher Richtung (S). Rezinse (T).

Narcissus Pseudo-Narcissus L. Gemeine Narzisse. Rizise (St. A).

Nardus stricta L. Nardgras. Zaidla, cúas d'giat (R).

Nasturtium officinale. R Br. Gebräuchliche Brunnenkresse Chressig (S). Creschun d'fontana (R). Chressig zu Thee oder auch roh [Kraut und Wurzeln] gegen Husten und Schwindsucht: auch als Blutreinigung (C).

Nerium Oleander L. Gemeiner Oleander. Oleander (S).

Nigritella angustifolia. Rich. Schmalblättriger Schwarzständel. Männertreu. Brännli. Naseblüeter (P). Kopfwehblüemli (St. A). In Kleiderkästen gegen Motten (M). Flurs cùolm oder Flurs d'alp, pl. (Hz). Schokoladeblüemli (Ch und C). Bluetströpfli (Fi). Fluor da tschigolatta (R).

Olea europaea L. Oelbaum. L'ulivér, öli d'uliva = Olivenöl (R).

Ononis spinosa. Wallr. Dornige Hauhechel. Wischge (S).

Onobrychis sativa. Lam. Zahme Esparsette. Espar (Hz). Esparsetta, sparsetta (R).

Orchideen. Knabenkräuter. Mans del Segner (R).

Orchis mascula L. Salep-Ragwurz oder O. Morio. Geissuter (S). Nachlaufwurze: wenn man einem andern ein Stück von dieser Wurzel beibringen kann, so muss der Betreffende dem erstern nachlaufen (C).

Origanum Majorana L. Majoran. Masara (S). Gehört zum Kirchen-tränsschen jeder Hausfrau (M).

Oryza sativa L. Reis. Il ris heisst die Frucht (R).

Oxalis Acetosella L. Gemeiner Sauerklee. Chäs und Brot, Vögelisürlig (S). Gugguserli, Kuckucksbrot (M). Kukkuser Chäs und Brot (Fi). Die Blätter heissen Paun cucu, die Blüten caschiel cucu (Hz). Pan cuc (Süs). Kukuser-Chäs und -Brot (C). Pan cuc, fögl ascha (R).

Päonia officinalis L. Gemeine Pfingstrose. Stinkrose (S und T).

Papaver Rhœas L. Ackermohn. Fluor da sön (R).

Paris quadrifolia A. Einbeere. Chrüzlichrut (S). Chaisichrut (St. A). Gegen giftige Bisse aufgelegt, nachdem man die Blätter in Spiritus gelegt hat (C). Uzun quatter-fögl (R).

Persica vulgaris. Mill. Gemeiner Pfirsichbaum. Die Früchte heissen Pfärschig (S).

Petasites albus. Gaert. Pestilenzwurz. Waldblackte: werden gesammelt als Futter für Schweine (S). Sandblackte (St. A). Pez (Ss).

Petasites niveus. Baumg. Pestilenzwurz. Wissblackte (St. A).

Phaseolus. Bohne. Fisella (U E).

Petroselinum sativum. Hoffm. Petersilie. Peterli (S). Ervas brignas oder Peterscheil (Hz). Petersilia (U E).

Phragmites communis. Trin. Gemeiner Schilf. Binse; auch einfach Ried genannt, wie auch Typha-Arten (S).

Phyteuma Halleri. All. Rapunzel. Juggene-Chnöpf (St. A).

Pimpinella Anisum L. Bibernell. Anis, davon die Frucht sem d'anis; in Gärten gebaut (Ss). Sem d'anisch (R).

Pimpinella Saxifraga L. Gemeiner Biebernell. Biebernell (P). Bibernell (R).

Als im Prättigau die Pest wütete, hiess es:

„Esset Eberwurz und Bibernelle,
Damit ihr sterbet nit so schnelle."

Fient schreibt in seinem Buche über das Prättigau hierüber folgendes:

„Ganz in's Gebiet der Sage verwiesen werden muss auch noch

Das Arcanum gegen die Pest.

Zur Zeit, als die Pest unter dem Namen „der schwarze Tod" in Graubünden grassierte und unzählige Opfer forderte, so dass ganze Höfe ausstarben, machte man die Beobachtung, dass kein einziges Fänggen-Männlein oder -Weiblein von der Seuche hinweggerafft wurde, und kam zum Schlusse, dass dieselben ein Geheimmittel dagegen besitzen müssten. Ein Bauer wusste endlich mit List dieses Geheimmittel aus einem Fänggenmännlein herauszukriegen. Dieses Männlein zeigte sich oft auf einem grossen Steine, der in der Mitte eine bedeutende Vertiefung hatte. Der Bauer, dem dieses Lieblingsplätzlein des Fänggen wohl bekannt war, ging bin und füllte die Höhlung des Steines mit gutem Veltlinerweine und verbarg sich dann in der Nähe. Nach einer Weile kam das Männlein zu seinem Lieblingssteine und blickte ganz verdutzt drein, als es die Höhlung desselben mit dem funkelnden Nasse angefüllt traf. Es bückte sich dann mehrmals mit dem Näschen über den Stein, hob dann wieder den Kopf, um wenigstens vom Geruche sich zu laben, winkte aber mit dem Zeigfingerlein und rief: „Nei, nei, du überchust mi nid.“ Endlich einmal, als es sich ganz nahe über den Wein gebeugt hatte, blieb ein Tröpfchen desselben am Schnäuzchen hängen: das Männlein leckte mit der Zunge dieses Tröpfchen ab. Da stieg die Begierde und es sagte zu sich selbst: „Ei, mit dem Finger tunken darfst du schon.“ Gesagt, gethan; es leckte das Fingerlein wohl hundertmal ab, wurde dabei immer lustiger und fing nachgerade an, allerlei Zeugs vor sich hinzuschwatzen. Da trat der Bauer wie zufällig herbei und fragte das Männlein, was gut sei gegen die Pest. „Ich weiss es wohl,“ sagte das Männlein, „Eberwurz und Bibernella — aber das sag' ich dir noch lange nicht.“ Jetzt war der Bauer schon zufrieden und nach dem Gebrauch von Eberwurz und Bibernell starb Niemand mehr an der Pest.

Pimpinella magna L. Grosser Biebernell. Bockwürze, weil die Wurzel nach Bock stinkt (St. A).

Pinus Cembra L. Arve, Zirbel. Gémber (Hz). Schémber (U E). Die Fruchtzapfen heissen las nuschpignas, die Früchtchen la nuschélla (Süs), nuscháglia (Ss). Die Zapfen heissen betschla oder puscha del dschémber (R). Die Pflanze Dschémber oder schémber (R). Nuschaglia, früt del schember (R).

Pinus sylvestris L. Kiefer, Föhre. Foore (S). Teu (Hz). Tiou (R). Teu, die Fruchtzapfen heissen las püschas d'teu (Ss).

Pinus montana Mill [Pinus pumilio Hänk.] [Pinus Mughus Scop.] Bergkiefer, Bergföhre. Anion (R). Zónder (R). Zóndra (U E).

Pisum sativum L. Saaterbse. Arvéglia (Hz). Die Frucht heisst tája con Farbàglia (Ss und R).

Piper nigrum L. Schwarzer Pfeffer. Paiver, groffels Frucht (R).

Plantago lanceolata L. Lanzettblättriger Wegerich. Spitzwegeli (S). Plantágel (Hz). Die gequetschten Blätter werden auf frische Wunden gelegt (Hz). Spitzwegerichtee und Spitzwegerichsafe gut gegen Husten. Der Saft wird auch auf frische Wunden gebracht (M).

Plantago media L. Mittlerer Wegerich. Breitewägeli, Heuschelm (S). Zopfballe, Wägisse (G). Die Fruchtstände heissen Vogelsome (M).

Plantago major L. Grosser Wegerich. Poppas (R).

Polygonum Fagopyrum L. Buchweizen. Heide; wird selten mehr angepflanzt (S). Heide (T). In der Herrschaft pflanzt man Buchweizen als Nachfrucht, wenn Korn geerntet ist.

Polygonum Bistorta L. Gemeiner Knöterich. Lungas bov (Hz).

Polypodium vulgare L. Engelsüss. Süsswürzli (T.) Risch dultga (Hz). Ragisch dútscha (R).

Populus tremula L. Zitter-Pappel. Aschpe. „Zittere wie es Aschpis Laub“, sprichwörtliche Redensart (S). Aspa, Eschpa (T). Triembal (Hz). Trémbel (R u. Ss).

Potentilla reptans L. Kriechendes Fingerkraut. Füfflingerlichrut (S).

Prenanthes purpurea L. Roter Hasenlattich. Hasescharte (S).

Primula acaulis. Jacq. Stengellose Schlüsselblume. Schmalzblüemli (S und T). Die Blüten werden von Kindern gegessen (S).

Primula Auricula L. Tschuggemeii (Arosa).

Primula elatior. Jacq. Hohe Schlüsselblume. Fraueschlüssel (S).

Primula farinosa L. Gepuderte Schlüsselblume. Chatzenäugli (S).

Primula officinalis. Jacq. Offizinelle Primel. Clavs. pl. (Hz). Gials (R). Papajàls (Ardez.)

Prunus avium L. Waldkirsche. Chriesbomm; das Harz heisst Gloria: im Wallis scheint ein ähnlicher Ausdruck vorzukommen, wenigstens nennt Thomas Platter in seiner Lebensbeschreibung dieses Harz Glöriat. Die Baumwanze an den Kirschbäumen heisst Chriesigagg (S und C). Chriesistinker (Ma). Der Baum heisst il Tschireschèr, die Steinfrucht la Tschirèscha (S und R.) Das Kirschbaumharz heisst auch Kletterharz, die Wanze Kriesistinker (J). Tgargé = Baum (Hz).

Gamme, Camme heissen die Hauptäste, die vom Stamme direkt abgehen, gilt auch für Birnbaum, Apfelbaum etc.: Tannen dagegen nicht.

Goste, Coste nennt man den Stumpf eines Astes oder Stammes, der z. B. abgedorrt ist. Die gleichen Ausdrücke gebraucht man auch für einen abgebrochenen Zahn.

Stürchel ist ein alter Baum ohne Aeste, gilt auch für andere Bäume, desgleichen auch für einen langen hagern Mann (S).

Ratzger nennt man einen Baum, der serbelt; den gleichen Ausdruck braucht man auch für kranke, auszehrende Leute.

Dolder heisst man einen Kirschbaumzweig, der mit vielen Kirschen besetzt ist. Sind zwei Kirschen mit den Stielen am Ende zusammengewachsen, so nennt man sie Zwierggele.

Suger heissen die wilden, meist nicht fruchttragenden Aeste.

Märbes Holz, saftlos, abgestorben, an Bäumen (S).

Prunus Cerasus L. Sauerkirsche. Wiechsle (S und T). Die Früchte heissen Aemerne (S). Il wiecsler = Baum, wiécla = Frucht (Hz).

Prunus domestica L. Zwetschenbaum. Brümbler, brümbla (R und Ss).

Prunus insititia L. Gemeine Krieche. Premé (Hz). Zipärli (S).

Prunus Padus L. Traubenkirsche. Lausé. Die Früchte heissen lausas (Hz). Olassèr (R). Alaussas, die Früchte il bösch d'alaussas oder l'alaussér (U E).

Prunus spinosa L. Schwarzdorn. Schlehestude. Die Früchte heissen Schlehe (S). Primuglié, Rampùn, die Früchte heissen Parmuglias (Hz). Schlehestude, Blütenthee und Früchte gegen Husten (C). In Fideris heissen die Früchte Parmollia, in Furna Parnollia. Parmuoglièr = Strauch, parmúoglia = Frucht (R). Parmueglér = Strauch, la parmuóglia = Frucht (Ss).

Pyrus communis L. Birnbaum. Birebomm (H und P). Peré (Hz). Pairèr - Baum, il pair Frucht (U E).

Pyrus Malus L. Apfelbaum. Oepfelbomm. Die untersten Aeste beider Bäume, die von den obern bedeckt und geschützt sind, heissen Untertraufer (H. und P). Malé heisst der Baum, mel die Frucht (Hz). Mailèr Baum, mail — Frucht (U E), il pom = Frucht (Ss).

Quercus. Eiche. Quercia, rúver (U E).

Ranunculus acris L und *Ranunculus repens L* mit den glänzenden, gelben Blüten heissen Glinzeli, auch Schmalzblüemli (S). Glinseli (T). Diverse gelbblühende Ranunkeln heissen flurs paentg (Hz). Ranuncel, fluors da painch (R).

Ranunculus aconitifolius L. Akonitblättriger Hahnenfuss. Garschine (P). Tribchrut (St. A). Böndlä (Arosa).

Ranunculus bulbosus L. Knolliger Hahnenfuss. Fluors da panich (R).

Ranunculus glacialis L. Gletscher-Hahnenfuss. Creschún d'chamotsch (R).

Ranunculus montanus. Willd. Berg-Hahnenfuss. Tschäppelblüemli (St. A und C). Hier pflücken die Kinder [Mädchen] am Auffahrtstag die Blümchen und tragen die Kränze den ganzen Tag, am Vormittag gehen sie in diesem Schmucke gemeinsam in die Kirche (C).

Raphanus sativus L. Gartenrettig. Ravanels (R).

Raphanus sativus var. niger, Dec. Sommer- und Winterrettig. Radíslas (Ss).

Raphanus sativus var. radicula, Dec. Monatrettig. Radieschen. Radiólas (Ss).

Rhododendron ferrugineum L. Rostblättrige Alpenrose. Créstas cott (Hz). Rösa alpina oder flur alpina (R). Fluors oder rösas d'alp (U E).

Rhododendron hirsutum L. Zottige Alpenrose. Beide heissen Alpenrösli, auch Troosnägeli (S). Aus Alpenrosenblüten wird ein blutreinigender Thee hergestellt (C).

Ribes Grossularia L. Stachelbeere. Üa d'spina (R).

Ribes alpinum L. und *Ribes petraeum.* Wulf. Johannisbeere. Von beiden heisst die Staude bösch da muschins, die Beeren heissen Mus-chins (Süss und Ardez).

Ribes rubrum L. Rote Johannisbeere. Azuèr, uzuèr, azuas (R). Im Kreise Obtasna Uzuas, in Schleins Anzuas, die Frucht, davon die Staude Uzuér oder Anzuer (U E).

Rosa. Rose. Rösa (R). Rösèrs pl., die Frucht Tronsférs (Ss).

Rosa canina L. Hundsrose. Die Schlafäpfel, d. h. die durch den Stich von Gallwespen an den Zweigen verursachten, moosähnlichen Auswüchse, nennt man Hageöpfel (S). In Buchen und Jenaz heissen die Scheinfrüchte [Hagebutten] Pargaukle. Die Dornen heissen Spinatg, die Früchte Frosslas (Hz). Die Hagebutten heissen Lusberri (Fi). Frósla Frucht, Froslèr = Strauch (R).

Rosmarinus officinalis L. Gemeiner Rosmarin. Rosmari. Bei Hochzeitsanlässen tragen die männlichen Teilnehmer Rosmarin auf dem Hut, die weiblichen heften ihn auf die Brust (S). Bei Beerdigung einer ledigen Person tragen die ledigen Träger und der Pfarrer, sofern noch ledig, einen Rosmarinzweig auf der Brust (C).

Rubus caesius L. Blaufrüchtiger Brombeerstrauch. Bramberri oder Bromberri (S). Die Früchte heissen Muras pl (Hz). Amúras (Ss und R).

Rubus fruticosus L. Gemeiner Brombeerstrauch. Diese Pflanze heisst man, wie die vorige, Bramberristude (S). Amúras (Ss.)

Rubus Idäus L. Himbeere. Ampestude (S). Ampua, ampa (R). Im Kreise Obtasna Ampas, in Untertasna Ampüas heissen die Früchte, die Pflanze heisst l'ampér, ein ganzer Bestand l'ampéra (U E).

Rubus saxatilis L. Felsenbrombeerstrauch. Hödetsch (S). Hundshode (St. A). Cuiungs tgaun (Hz). Suschigna (R). Schievsclins (Süs).

Rubus vulgaris. W. und N. Gemeine Brombeere. Amura (R).

Rumex Acetosa L. Sauerampfer. Sürlig (S). Surampfle (S und T). Schweinblackten (G). Wird von Kindern gegessen, erzeugt aber Läuse! (M). Schülas pl. (Hz). Vangas (Süs). Fögl' ascha (R).

Rumex alpinus L. Alpenampfer. Blackte, Blacke. Die Blätter werden zu Schweinefutter eingemacht und es wird die Pflanze in besondern „Blackengärten" kultiviert. Wild findet sich die Pflanze besonders gerne um Sennhütten herum. In St. Antönien nennt man die Blattbasis „Speck"; es ist dieser Teil das beste am Blatte (P).

Rumex obtusifolius L. Stumpfblättriger Ampfer. Blackte, Spitzblackte (S). Lavàta, die Gärten dazu lavatés (Hz).

Rumex scutatus L. Schildblättriger Ampfer. Lavázzas heisst das Blatt (Ss und R).

Salix. Weide. Salesch (Hz). Sahle (T). Salschs pl. (U E).

Salix Caprea L. Sahlweide. Sale, die Kätzchen nennt man Palme oder Päli (P). Die Kätzchen (Palme) werden am Palmsonntag von den Kindern gebrochen. Man sagt auch, eine Palm am Palmsonntag vor Sonnenaufgang gebrochen, schütze das Haus, in welche sie gebracht werde, das ganze Jahr vor Feuersgefahr (C). Salsch (R).

Salvia officinalis L. Gemeine Salbei. Die Blätter nennt man Selvibletter; diese werden zu Selvichüecheli und zur Theebereitung benutzt (S). Vortrefflich zu Thee und Gurgelwasser bei Halsentzündungen (M).

Salvia pratensis L. Wiesen-Salbei. Holländer: nach der Farbe der Uniformen der Söldner in holländischen Diensten so genannt. (S und T). Holénders pl. (Hz). Salvia (R).

Sambucus. Hollunder. Savü, sabü (R).

Sambucus Ebulus L. Zwerg-Hollunder. Wilde Holder (J).

Sambucus nigra L. Gemeiner Hollunder. Holder; die Früchte heissen Holderberri: aus diesen bereitet man ein Mues, den Holderbrägel. Aus dem Holze alter Stöcke macht man die Pfeifenköpfe der sogen. „Landammepfife". Die Trugdolde mit Früchten heisst Zadére, ohne Beeren Ratte (S).

Volkstümliche Redensart: „Under ere Holderstude und und under eme rote Bart wachst nüd guets (P).

Hollunder am Haus oder Stall schützt gegen Hexen und böse Geister. Heiliger Strauch der Germanen, der Göttermutter Holda geweiht (M) Suvitg (Hz). Holder. die Trugdolde mit Früchten heisst Tolder (C). Zassle (Ma). Savü nair (Martinsbruck und R).

Sambucus racemosa L. Roter Hollunder. Poma d'chan, savü cotschen (R). Savüér oder Savü, die Frucht heisst poma d'chan und wird zum Einmachen gesammelt (Ss.)

Sanicula europæa. Tourn. Europäische Heilknecke. Sanischel (R).

Saxifraga Aizoon L. Steinbrech. Wilde Huswürze (St. A). Fluors da crap (R).

Secale cereale L. Roggen. Séjal (Hz). Sejel (R und Ss).

Sedum acre L. Scharfe Fetthenne. Widertat, das Kraut findet bei Hühnerkrankheiten Anwendung (S).

Sempervivum tectorum L. Gemeine Hauswurz. Huswurze. Blüht die Pflanze, so stirbt bald darauf jemand von den Hausbewohnern, auf deren Hausdach die Pflanze ist (S). Auf das Dach eines Hauses gepflanzt, soll sie Schutz vor Feuersgefahr gewähren: hier habe man in frühern Zeiten kaum ein Haus ohne diese Pflanze gesehen (C). Rava d'crap (R). Passella d'crap (Süs und Ardez).

Senecio cordifolius. Clairv. Alpenkreuzkraut. Böhnerne, Böhnle oder Bühnle (S).

Silene inflata Sm. Blasiges Leimkraut. Chlepfer. Tubespeck, Hasenöhrli. Die jungen Blätter werden mit der Wurzel ausgestochen, gewaschen, gesotten und ähnlich zubereitet wie Spinat (S). Chlepfene, Chlaffeni (St. A). Tubakropf (Ch). Scropuleggi (Puschlav). Schlopett (Hz). Schlops (R).

Sinapis alba L. Weisser Senf. Raevanella (V).

Sinapis arvensis L. Ackersenf. Sànaf melna (Hz). Raevanella (V). Sem. signabel (R).

Solanum nigrum L. Schwarzer Nachtschatten. Crapa piertg, schlopa piertg (Hz).

Solanum tuberosum L. Kartoffel. Grundbire, Erdbire; die etwa kirschgrossen Beeren nennt man Chlucker (S). Die Beeren heissen auch Hepierepoldere: Kartoffelwasser, das man beim Sieden der Knollen erhält, ist gut gegen Läuse (M). Mailinterra (R). Mailinterra oder maila sot terra für die Knolle (Ss).

Soldanella alpina L. Alpenglöckchen. Guggerchäs (S). Brunsignas pl. (Hz). Bransina (R).

Solidago Virgaurea L. Gemeine Goldruthe. Heidnisch-Wundchrut (S). Heidnisch-Schwummchrut, erprobt als vortreffliches Mittel gegen Quetschungen und eiternde Wunden. Im Absud baden! (M) Absud gebraucht zum Auswaschen von Wunden. Die Blätter werden auf die Wunden aufgelegt (C).

Sonchus oleraceus L. Weiche Gänsedistel. Pungiúns pl. (Hz). Latitschun (R).

Sorbus Aria Crantz. Mehlbeerbaum. Mehlbomm (S.) Flötnèr (R).

Sorbus Aucuparia L. Gemeine Eberesche. Gürgetsch (S). Culéscham. Die Frucht heisst puma tgaura (Hz). Zu Branntwein gebrannt (C). Culäischem (R).

Sorbus chamæmespilus Crantz. Eberesche. Mehlbeere (St. A).

Spermœdia Clavus Fr. Mutterkorn. Manna [nel sejel] (R).

Spinacia oleracea L. Spinat. Bänätsch (S. Spinát, wird in Gärten angebaut (G).

Stellaria media Vill. Mittlere Sternmiere. Hühnlidärm (S).

Stipa pennata L. Pfriemengras. Spusegras (S). Mignauas (Ardez).

Syringa vulgaris L. Gemeiner Flieder. Chrämernägelibluest (R).

Taxus baccata L. Eibe. Ib (P). Iba (Ma). Von Knaben werden die passenden Aeste mit Vorliebe zu Armbrustbogen benutzt (Ma).

Thalictrum aquilegifolium L. Wiesenraute. Geissläube (St. A).

Thuja occidentalis L. Gemeiner Lebensbaum. Sephi (S und T). Sephi wird als fruchtabtreibendes Mittel gebraucht (C).

Thymus Serpyllum Fries. Feldthymian. Masaròn salvàtg (Hz). Timiàn (U E).

Tilia grandifolia. Ehrh. Grossblättrige Linde. Tigl (R).

Tragopogon pratensis L. Wiesenbocksbart. Habermark, Milchbeiler (S). Milbele, wird gegessen. „Habermark macht d' Buebe stark“ (M). Tgitgirótla (Hz) Lauschíva (R).

Trifolium. Klee. Trefígl (Hz).

Trifolium pratense L. Wiesenklee. Heublueme. Wer ein Kleeblatt mit 4 Blättchen findet, hat das Glück gefunden und man darf das Blatt nicht abreissen, denn es heisst ein Spruch: Ich lasse dich steh'n, ich will mit meinem Glück weiter geh'n! Nimmt man ein 4 blättriges Blatt in die Kirche, so sieht man dort die Hexen; diese blicken statt vor- rückwärts (S). Trafögl (R).

Triticum. Weizen. Salign (Hz). Furmaint, frumaint (R).

Triticum Spelta L. Spelz, Dinkel. Fese (T).

Triticum vulgare Vill. Gemeiner Weizen Furmaint, für Kornfrucht und Pflanze (Ss).

Trollius europaeus L. Europäische Trollblume. Rolle (S). Chlucker (St. A). Alperolle (Grüsch u. S.) Cups pl. (Hz). Wasserrolle. Die Blätter werden auf Wunden aufgelegt zu deren Genesung (C). Rolls (R) Flur da painch (Ardez).

Tulipa Gessneriana L. Gartentulpe. Tulipane (S). Tulipana (R).

Tussilago Farfara L. Gemeiner Huflattich. Merzeblüemli. Guten Tee gegen Husten! (M). Paspulein (Hz). Steipackte (T).

Typha latifolia L. Breitblättriger Rohrkolben. Pflegel; auch die andern Typha-Arten heissen Pflegel; sind zwei Kolben am gleichen Stengel getrennt übereinander, so nennt man die Pflanze Chünig [König] (S). Trummechnebel (M).

Ulmus campestris L Gemeine Ulme. Ulm. Die Blätter werden vor dem Abfall abgerissen und als Schweinefutter verwendet (S). Vulm (Hz).

Urtica dioica L. Zweihäusige Nessel. Nessle. Die Pflanzen werden gesammelt, gekocht und als Schweinefutter verwendet. Aus dem Absudvon Wurzeln erhält man das Nesselwurzewasser, das einen dichten Haarboden bei Menschen erzeugen soll (S). Nesselwasser vertreibt auch die Läuse (M). Urcicla (Hz).

Urtica urens L. Brennnessel. Urtia (U E).

Usnea barbata Fries. Gemeine Bartflechte. Barba d'larsch, petsch (R). Tanebart (S). Tannrag (St. A).

Vaccinium Myrtillus L. Gemeine Heidelbeere. Heuberri oder Heidelberri (S). Heidelbeeremus [getrocknete Beeren] vortreffliches Mittel, Diarrhöe sofort zu stillen (M). Uzun, azun oder izun dret (R). Uzuns (Obtasna). Auzuns drets (Ss).

Vaccinium uliginosum L. Moos-Heidelbeere. Budätschli, Budère (S). Butler (St. A). Budertschi (J). Uzum schajatschs (Süs). Anzúns (Ss). Uzuns (R).

Vaccinium vitis idæa L. Preiselbeere. Griffe (S). Die Beeren heissen Garnédels pl. (Hz). Gialüdes (Sent). Giaglúdas, Jalüdas (Obtasna). Granüclas (Ss und R).

Valeriana officinalis L. Offizineller Baldrian. Schofgarbe (S). Damarge (St. A). Risch tamár (Hz). Damarge gegen Husten und Erkältungen in Milch gesotten (C). Baldrian (R)

Veratrum album L. Weisser Germer (S und T). Malòm salvatg (Hz). Gerberne pulverisiert und vermengt mit Fett oder Lorbeeröl verwendet gegen Läuse an Tieren. Absud der Wurzel wird auch gebraucht zur Abtreibung der Würmer bei Pferden (C). Malóm (R).

Verbascum thapsus L. Gemeines Wollkraut. Schlangechrut (S). Die Blüten werden zur Teebereitung benutzt (J). Cua d'nuérsa, zu Tee gebraucht (Ardez).

Veronica Beccabunga L. Quellen - Ehrenpreis. Bachbumme (S).

Viburnum Lantana L. Wolliger Schneeball. Schwälch (S). Lantágel. Die Früchte heissen Migias (Hz). Wide heisst die Pflanze (T). Lantern (R).

Viburnum Opulus L. Gemeiner Schneeball. Tgaia morta (Hz).

Vicia Cracca L. Vogelwicke. Arvéglia corv (Hz). Taja d'utschè (R).

Vicia Faba L. Saubohne. Fava spez. die Bohnen (U E).

Vicia Lens. Coss. Germanische Linse. La lantiglia (Ss).

Vicia sepium L. Zaunwicke. Vogelerbse. Gyrenerbse (S).

Vinca minor L. Kleines Singrün. Wintergrün (S).

Viola odorata L. Wohlriechendes Veilchen. Viöli, Vieli (S). Viölели (T). Zu Hustenthee (M). Gedörrt, von Frauen mitunter unter Schnupftabak gemischt (C). Viola (R).

Viscum album L. Weisse Mistel. Immergrüe (S). Mischgel (J).

Vitis vinifera L. Weinstock, Rebe. Vit, vigna (R).

Zea Mays L. Mais. Türgg, Türggezäpfe Türggechore; unfruchtbare Stengel heissen Junker (S). Türgge, Türggezäpfe (M). Türca (Hz). Farina da törch = Mehl. Gran törch, törcha = Frucht (R).

Zingiber officinale L. Aechter Ingwer. Impert (S).

Alphabetisches Verzeichnis der Dialektnamen.

Aconit alpin	Aconitum Napellus
Aemerne	Prunus Cerasus
Ahore	Acer Pseudoplatanus
Aigl, agl, ail, risch d'ail	Allium sativum
Alaussas, il bösch d'alaussas oder d'alaussér	Prunus Padus
Allimanharnischwurze	Allium Victoralis
Alperolle	Trollius europaeus
Alperösli	Rhododendron ferrugineum
Alperösli	Rhododendron hirsutum
Alperose-Chäs	Exobasidium Rhododendri
Alpenrosen-Oepfeli	Exobasidium Rhododendri
Ampua, ampa, àmpas, ampüas, l'ampér, l'ampéra	Rubus Idäus
Ampestude	Rubus Idäus
Amura	Rubus vulgaris
Amúras	Rubus fruticosus
Anion	Pinus montana
Anzuns	Vaccinium uliginosum
Arbája, föglia e öli d'arbaias	Laurus nobilis
Argiavéna	Heracleum Sphondylium
Arnica	Arnica montana

Arschüclèr, arschúcla	Berberis vulgaris
Arschüclèr spinatsch, arschücla früt	Berberis vulgaris
Arvéglia	Pisum sativum
Arvéglia corv	Viccia cracca
Aschèr, l'aschér	Acer Pseudoplatanus
Aspe	Populus tremula
Astränze	Imperatoria Osthrutium
Augstezieger	Euphrasia officinalis
Aveigna, avaina	Avena sativa
Aviez	Abies pectinata
Aznèr, uznèr, aznas, azuas, anznas, uznér	Ribes rubrum
Azun dret, anzuns drets	Vaccinium Myrtillus
Babrolèr, bavrolèr	Lonicera nigra
Bachbumme	Caltha palustris
Bachbumme	Veronica Beccabunga
Badúgn, Badúogn	Betula alba
Baldrian	Valeriana officinalis
Bänätsch, Binetsch	Spinacca oleracea
Bätsch	Abies excelsa
Bárbas buc	Centaurea Scabiosa
Barba d'larsch	Usnea barbata
Baréta	Geranium silvaticum
Bariés	Lappa minor
Barschúungs	Carlina acaulis
Bauzeli	Eriophorum latifolium
Beiwide	Hippophaë rhamnoides
Bella donna	Atropa Belladonna
Berg-Schärlig	Laserpitium latifolium

Betschla del dschember	Pinus Cembra
Biebernell	Pimpinella Saxifraga
Binse	Phragmites communis
Birche, Birbe, Besmeries	Betula alba
Birebomm	Pyrus communis
Blackte	Rumex obtusifolius
Blackte, Blake	Rumex alpinus
Bleiseblüemli	Anemone Hepatica
Bluetruete	Cornus sanguinea
Bluetströpfli	Adonis autumnalis
Bluetströpfli	Nigritella angustifolia
Bluetströpfli	Geum montanum
Bluetwurze	Geum montanum
Bockwürze	Pimpinella magna
Bodechollräbe, Bodachropf	Brassica Napus var. rapifera
Böhnerne, Böhnle, Bühnle	Senecio cordifolius
Bölle	Allium Cepa
Böndlä	Ranunculus aconitifolius
Brännli	Nigritella angustifolia
Brätschle	Juglans regia
Breitewägeli	Plantago media
Bröl	Erica carnea
Bromberri, Bramberri	Rubus caesius
Bromberristude	Rubus fruticosus
Bruch, Brucha	Calluna vulgaris
Brümblér, Brümbla	Prunus domestica
Brunsígnas	Soldanella alpina
Brunsina	Soldanella alpina
Budätschli, Budère, Budertschi	Vaccinium uliginosum
Bueche	Fagus silvatica

Bulái	Boletus
Bulais	Fungi
Buléus	Fungi, giftige
Burácels	Fungi, essbare
Burket, wilde	Chenopodium Bonus Henricus
Büsche	Abies pectinata
Busétga	Cetraria islandica
Butler	Vaccinium uliginosum
Calcés	Cypripedium Calceolus
Camélea	Daphne Mezereum
Camme	Prunus avium
Chanella, scorza d'chanella, poms d'chanella	Laurus cinnamomum
Cardúngs, chardún	Carduus
Carfiòl	Brassica oleracea var. botrytis
Carnédels	Vaccinium vitis Idaea
Caschiel cucu	Oxalis Acetosella
Castagnér, chastágna	Castanea vesca
Ceúvas gat	Equisetum arvense
Chabis	Brassica oleracea var. capitata
Chaminélla	Matricaria chamomilla
Chànva, chanva màschel, chano	Cannabis sativa
Chäs und Brot	Oxalis Acetosella
Chäsli, Chäslichrut	Malva vulgaris
Chatzenäugli	Primula farinosa

Chatzenäugli	Myosotis palustris
Chatzechrut	Mentha sylvestris
Chatzeschwanz	Equisetum
Chatzetäpli	Gnaphalium dioicum
Chessler	Gentiana acaulis
Chestene	Castanea vesca
Cheu d'botsch	Centaurea Scabiósa
Chläberne, Chlibere, Chläbere	Galium Aparine
Chlaffe, Cláffa	Alectorolophus major
Chlaffeni, Chlepfer, Chlepfene	Silene inflata
Chlucker	Solanum tuberosum
Chlucker	Trollius europaeus
Chnoble	Allium sativum
Chokoladeblüemli	Nigritella angustifolia
Chöl	Brassica oleracea var. capitata
Chollräbe	Brassica Napus var. rapifera
Chöttenebomm, Chöttene	Cydonia vulgaris
Chrämernägelibluest	Syringa vulgaris
Chressig	Nasturtium officinale
Chriesbomm	Prunus avium
Chriesigagg, Chriesistinker	Prunus avium
Chrisnägel	Abies excelsa
Chrottetächer	Hymenomycetes Spec.
Chrüzlichrut	Paris quadrifolia
Chrut	Beta vulgaris var. cicla
Chümmig	Carum Carvi
Chünig	Typha latifolia

Chürbse	Cucurbita Pepo
Cicoria	Cichorium Intybus
Clafnèr, clatuer	Crataegus Oxyacantha
Clavs	Primula officinalis
Cóller	Corylus Avellana
Colràvas	Brassica oleracea var. gongylodes
Colymb	Aconitum
Cops	Brassica olerac. var. gongyl.
Coronella	Coronilla varia
Coste	Prunus avium
Cóvan, sem. cóvan	Cannabis sativa
Cregn	Cochlearia Armoracia
Creschún d'chamótsch	Ranunculus glacialis
Creschún d'fontána	Nasturtium officinale
Creschún d'üert	Lepidium sativum
Cuas d'giat	Nardus striatus
Cua d'nuersa	Verbascum thapsus
Curáias	Convolvulus arvensis
Curnàl	Cornus sanguinea
Crapa piértg	Solanum nigrum
Crestas colt	Rhododendr. ferrugineum
Cuiungs tgaun	Rubus saxatilis
Culéscham, culäischem	Sorbus Aucuparia
Culüm alb	Aconitum Lycoctonum
Culüm blau	Aconitum Napellus
Cups	Trollius europaeus
Curnál	Cornus sanguinea
Cutun pingola	Gossypium herbaceum
Cyprian	Cladonia rangiferina
Cyprian	Cetraria islandica

Damarge	Valeriana officinalis
Dâscha	Abies excelsa
Dolder	Prunus avium
Doräcbnöpf	Carlina acaulis
Draussa	Alnus viridis
Dschember	Pinus cembra
Dütsches Kore	Hordeum hexasticum
Dumieg	Hordeum
Eberwurze	Carlina acaulis
Ebbeu	Hedera Helix
Erba	Gramineen
Erba da furchéttas	Geranium sylvaticum
Erba smaladida	Cetraria islandica
Erdberri	Fragaria vesca
Erdbire	Solanum tuberosum
Erva magnúca	Malva rotundifolia
Ervas tguras	Mentha
Ervas brignas	*) Petroselinum sativum
Ervas briguas	*) Allium
Erva **) pardaúnca	Bromus sterilis
Esche	Fraxinus excelsior
Eschgi	Fagus sylvatica
Eselmilch	Euphorbia Cyparissias
Espar	Onobrychis sativa
Espe	Populus tremula
Ewigkeitsblüemli	Gnaphalium dioicum

*) Ueberhaupt Suppenwürzen.

**) Erva = lat. herba = Kraut.

Falganas, Fanganas	Fragaria vesca
Fanzögna	Lilium bulbiferum
Farre	Filices
Farre	Aspidium
Fastü	Dactylis glomerata
Fau	Fagus sylvatica
Fava *)	Aconitum
Fáva	Vicia Faba
Feck	Chenopodium polyspermum
Féleschs, Felesch, Fels	Filices Spec.
Fese	Triticum Spelta
Fetthenne	Melandrium diurnum
Fimmel	Cannabis sativa
Fisella	Phaseolus
Flötnèr	Sorbus Aria
Fluor **) blaua, flur blàua	Centaurea Cyanus
Fluor cotschna	Agrostemma Githago
Fluor d'alp	Rhododendron ferrugineum
Fluor d'luf	Anemone Pulsatilla
Fluor danclèr	Digitalis ambigua
Fluor da chadagna	Leontodon Taraxacum
Fluor da chischolas	Malva rotundifolia
Fluor da panich	Ranunculus bulbosus
Fluor da püpas, fluor da plózgers	Chaerophyllum Villarsii
Fluor da séjel	Agrostemma Githago
Fluor da solài	Helianthus
Fluor da sön	Papaver Rhoeas

*) Ueberhaupt Name verschiedener Giftpflanzen.

**) Fluor, flur = lat. flos = Blüte.

Fluor da suntéri	Hyuscyamus niger
Fluor da tschigolatta	Nigritella angustifolia
Fluors da painch	Ranunculus acris
Flur alpina	Rhododendron ferrugineum
Flur del séjel	Centaurea Cyanus
Flurs cúolm (pl.)	Nigritella angustifolia
Flurs d'alp	Nigritella angustifolia
Flurs paentg	Ranunculus Spec.
Flurs piertg	Leontodon Taraxacum
Flurs sogn Gion	Convallaria majalis
Fögl' ascha	Oxalis acetosella
Föglia e öli d'arbaias	Laurus nobilis
Föglias della rocca pezs	Colchicum autumnale
Foore	Pinus sylvestris
Fraueschlüssel	Primula elatior
Freia, Fraja, Frájas, la flur da frájas	Fragaria vesca
Fréssan, Frasen, il fraisen	Fraxinus excelsior
Fröschehlüemli	Caltha palustris
Froslas, Frosla, Froslèr	Rosa canina
Früeligzitlose	Crocus vernus
*) Früt del schémber	Pinus Cembra
Fueterreif, Futterreifen	Crocus vernus
Füffingerlichrut	Potentilla reptans
Gaasblüemli, Gaissblüemli	Bellis perennis
Gälhagel	Berberis vulgaris
Ganfer	Laurus camphora
Garnedels	Vaccinium vitis Idaea
Gätzeli	Cyclamen europaeum

*) Früt = latein. fructus = Frucht.

Gamme	Prunus avium
Garschine	Ranunculus aconitifolius
Geisberri	Berberis vulgaris
Geiss	Gymnadenia odoratissima
Geissberri	Ligustrum vulgare
Geissblüemli	Crocus vernus
Geissläube	Thalictrum aquilegifolium
Geissschärlig	Aegopodium Podagraria
Geissschärlig	Laserpitium latifolium
Geissuter	Orchis mascula
Geissuter	Orchis morio
Gember	Pinus Cembra
Gerberne	Veratrum album
Giaglüdas d'lain	Arctostaphylos uva ursi
Gianéver	Juniperus communis
Giaglüdas, Gialüdes, Granüclas, Granüdas, Garnédels	Vaccinium vitis idaea
Gibus, Giabus	Brassica olerac. var. capitata
Gilgia	Lilium
Gienzana	Gentiana punctata
Girst, Girsti Chore	Hordeum vulgare
Gioc, Ginaiver, Ginaévra	Juniperus communis
Glin, sem glin	Linum usitatissimum
Glinseli	Ficaria verna
Glinzeli, Glinseli	Ranunculus acris
Glinzeli	Ranunculus repens
Glogge	Convolvulus sepium
Gloggeblueme	Gentiana acaulis
Gloria	Prunus avium
Goldrose	Lilium bulbiferum

Goste	Prunus avium
Gottsgnad	Geranium Robertianum
Gran tõrch	Zea mays
Gras	Gramineen
Grifle	Vaccinum vitis idaea
Grifle	Gentiana verna
Groffels	Carlina acaulis
Groffels	Piper nigrum
Grundbire	Solanum tuberosum
Grundräbe	Brassica rapa var. rapifera
Gschmätter	Allium Schönopranum
Gschmätter	Petroselinum sativum
Gugguserli	Oxalis Acetosella
Gúratlé	Crataegus
Gürgetsch, Gürgütsch	Sorbus Aucuparia
Guggerchäs	Soldanella alpina
Guggumere	Cucumis sativus
*) Gyre	Acer Pseudoplatanus
Gyrenerbse	Vicia sepium
Gyreschnabel	Gentiana verna
Habermark	Tragopogon pratensis
Hänne	Colchicum autumnale
Hagabueche	Carpinus Betulus
Hagenöpfel	Rosa canina
Hahnefuss	Melandrium diurnum
Hampf	Cannabis sativa
Hasenöhrli	Silene inflata
Hasenöhrli	Cyclamen europaeum

*) Gyre von Gyr = Geier, Frucht = Schnabelform des Raubvogels.

Hasescharte	Prenanthes purpurea
Hasle	Corylus Avellana
Heide	Polygonum Fagopyrum
Heidelberri	Vaccinium Myrtillus
Heidnisch-Schwummchrut	Solidago Virgaurea
Heidnisch-Wundchrut	Solidago Virgaurea
Heimele, Heimelechrut	Chenopodium Bonus Henricus
Hepierepoldere	Solanum tuberosum
Herbstbluest	Euphrasia officinalis
Herbstzitlose	Colchicum autumnale
Heublueme	Trifolium pratense
Heuberri	Vaccinium Myrtillus
Heuschelm	Gentiana verna
Himmelsbläweli	Plantago media
Hödetsch	Rubus saxatilis
Holder, Holderberri	Sambucus nigra
Holder, wilde	Sambucus Ebulus
Holländer, Hóléndcrs	Salvia pratensis
Hosenbunte	Colchicum autumnale
Hühnlidärm	Stellaria media
Hundsh. de	Colchicum autumnale
Hundshode	Rubus saxatilis
Huswurze	Sempervivum tectorum
Huswürze, wilde	Saxifraga Aïzoon
Jalüdas	Vaccinium vitis idæa
Ib, Iba	Taxus baccata
Ibsche	Althæa officinalis
Jenznerwurze	Gentiana lutea
Jérdi, jerda, la jotta	Hordeum distichum

Igel	Fagus sylvatica
Ilie	Iris germanica
Immergrüe	Viscum album
Impert	Zingiber officinale
St. Johannischrut	Hypericum perforatum
Isíens (pl.)	Artemisia Absynthium
Ischíer, Ischí	Acer Pseudoplatanus
Isechrut	Anemone vernalis
Juggenechnöpf	Phyteuma Halleri
Junker	Zea Mays
Ive, Iva	Achillea moschata
Käsdorn	Carlina acaulis
Karmille	Matricaria Chamonilla
Késslers (pl.)	Gentiana acaulis
Klaffe	Alectorolophus major
Kopfwehblüemli	Nigritella angustifolia
Kore, dütsches	Hordeum hexastichum
Kuckucksbrot	Oxalis Acetosella
Kukuser-Chäs und Brot	Oxalis Acetosella
Laditschúngs (pl.)	Carduus crispus
Lanschíva	Tragopogon pratensis
Lantágel	Viburnum Lantana
Lantern	Viburnum Lantana
Las clavs d'utón	Colchicum autumnale
Las püschas d'ten	Pinus sylvestris
Latitschun	Sonchus oleraceus
Láresch	Abies Larix
Lat d'stria	Euphorbia Cyparissias
Laubstöck	Levisticum officinale
Lauch	Allium Porrum

Lausé, laúsas, alaussas, il bösch d'alaussas, il bösch d'alaussér, olasser	Prunus Padus
Lavander	Lavandula vera
Lavarcic	Clematis Vitalba
Laváta, lavatés, lavazzas	Rumex obtusifolius
Leberblüemli	Anemone Hepatica
Lint	Cannabis sativa
Lorbonebletter	Laurus nobilis
L'ulivér, öli d'uliva	Olea europæa
Lúngas bov	Polygonum Bistorta
Lunggechrut	Cetraria islandica
Lusberri	Rosa canina
Machója	Lilium bulbiferum
Malóm	Colchicum autumnale
Malóm	Veratrum album
Malóm salvatg	Veratrum album
Malve, malva, fluor da chischolas	Malva silvestris
Majäriesli	Convallaria majalis
Majesässblüemli	Gnaphalium dioicum
Mailinterra, maila sot terra	Solanum tuberosum
Malé, mailèr, mel, mail	Pyrus Malus
Manna nel sejel	Spermœdia Clavus
Männertreu	Nigritella angustifolia
Mans del Segner	Orchideen
Margritli	Chrysanthemum Leucanthemum
Marre	Castanea vesca
Märzeblüemli	Anemone Hepatica

Masara	Origanum majorana
Masarón salvátg	Thymus serpyllum
Massegge	Cetraria islandica
Massholder	Acer campestre
Massikke	Cetraria islandica
Mattun	Meum mutellina
Mel	Pyrus Malus
Mehlberri	Crataegus oxyacantha
Mehlbeere	Sorbus chamaemespilus
Mehlbomm	Sorbus Aria
Mengelt	Beta vulgaris var. cicla
Ménta	Mentha arvensis
Ménta sulvadia	Mentha sylvestris
Merzeblüemli	Anemone Hepatica
Merzeblüemli	Tussilago Farfara
Métgas (pl.)	Gnaphalium dioicum
Migias	Viburnum Lantana
Mignanas	Stipa pennata
Milbele	Tragopogon pratensis
Milchheiler	Tragopogon pratensis
Minchületta d'utuon	Colchicum autumnale
Minchületta la	Crocus vernus
Mischgel	Viscum album
Mörder	Cirsium acaule
Muettere	Caltha palustris
Muntblueme	Narcissus poëticus
Muras pl.	Rubus caesius
Murechressig	Asplenium Ruta muraria
Murligna	Meum Mutellina
Múschel	Musci
Muttergottesgläschen	Convolvulus sepium

Mutterne	Meum Mutellina
Mus-chins, bösch da muschins	Ribes alpinum
Nachlaufwurze	Orchis mascula
Nachtschatte	Lamium maculatum
Nachtschatte	Lamium album
Nägeli	Dianthus Caryophyllus
Nagelchrut	Geranium sylvaticum
Nagelhölzli	Cornus sanguinea
Narcissa	Narcissus
Naseblüeter	Nigritella angustifolia
Nasespiegel	Acer Pseudoplatanus
Négla, neglérs, las néglas	Dianthus Spec.
Négla	Dianthus sylvestris
Nessle	Urtica divica
Nessle, wilde	Lamium maculatum
Néssle, wilde	Lamium album
Niele	Clematis vitalba
Nicholas	Corylus Avellana
Nitschola	Crocus vernus
Nitscholèr, il nitscholèr la nitschola	Corylus Avellana
Nugé, nusch, nugér, nuschèr	Juglans regia
Nus-chat	Myristica morschata
Nusch pignas	Fagus sylvatica
Nusch pignas las, la nuschella, nuschàglia	Pinus Cembra
Nussbomm	Juglans regia

Obenuffchollräbe	Brassica oleracea var. gongylodes
Oberchollräbe	Brassica oleracea var. gongylodes
Ogn, ogna	Alnus glutinosa
Olassèr	Prunus Padus
Oleander	Nerium Oleander
Öpfelbomm	Pirus Malus
Paentg flurs	Ranunculus acris
Paguge	Heracleum Sphondylium
Painch, fluors da	Ranunculus acris
Pairèr, il pair	Pyrus communis
Paiver	Piper nigrum
Paiver mondau	Daphne Mezereum
Palme	Spiraea
Palme, Päli	Salix Caprea
Pan cuc	Oxalis Acetosella
Panich, fluors da	Ranunculus bulbosus
Pantofflas	Cypripedium Calceolus
Papajàls	Primula officinalis
Pappele	Malva vulgaris
Pargätzeli	Cyclamen europæum
Pargaukle	Rosa canina
Parmuglias, primuglié, parmuoglier, parmuglièr	
la parmóglia	Prunus spinosa
Parnollia, parmollia	Prunus spinosa
Parvénglas	Convolvulus sepium
Paspulein	Tussilago Farfara
Pasella d'crap	Sempervivum tectorum

Paun cucu	Oxalis Acetosella
Pe gaglinia	Anthyllis vulneraria
Pegn	Abies excelsa
Péré	Pyrus communis
Péssas	Beta vulgaris var. cicla
Peterli	Petroselinum sativum
Peterschéil	Petroselinum sativum
Petersilia	Petroselinum sativum
Petersilia da chan	Aethusa Cynapium
Petsch	Abies excelsa
Pez	Petasites albus
Pezs	Colchicum autumnale
Pfaffenchäppli	Evonymus europæus
Pfaffeschue	Cypripedium Calceolus
Pfärschig	Persica vulgaris
Pflegel	Typha latifolia
Piessa costas albas	Beta vulgaris var. cicla
Pin	Abies excelsa
Pingola	Gossypium herbaceum
Plantágel	Plantago lanceolata
Plózgers	Chærophyllum Villarsii
Pöllernuss	Juglans regia
Poppas	Plantago major
Poms d'chanella	Pyrus Malus
Pom, il	Sambucus racemosa
Poma d'chan	Laurus cinnamomum
Popparelia clav	Colchicum autumnale
Popparella clav, las clavs d'prümavaira	Crocus vernus
Poppas	Plantago major
Premé	Prunus insititia

Prumglie	Prunus spinosa
Püpas	Chærophyllum Villarsii
Pulé	Carum Carvi
Pulla	Colchicum autumnale
Pulitg	Carum Carvi
Pulitg salvatg	Anthriscus sylvestris
Puma gianóvra	Juniperus communis
Puma tgaura	Sorbus Aucuparia
Pungiúns (pl.)	Sonchus oleracea
Puoros	Allium Schönoprasum
Puscha del d'schémber	Pinus Cembra
Pusna tgaura	Sorbus Aucuparia
Puschas d'larsch, las	Abies Larix
Puschas d'petsch, las	Abies excelsa
Puschas d'pin, las	Abies excelsa
Püschas d'teu, las	Pinus sylvestris
Puschlenägeli	Dianthus barbatus
Quercia	Quercus
Räbe	Brassica rapa var. rapifera
Radischen, Radiólas	Raphanus sativus var. radicula
Radislas	Raphanus sativus var. niger
Rævanella	Sinapis arvensis
Rævanella	Sinapis alba
Ragisch dútscha	Polypodium vulgare
Ragisch da genziana	Gentiana lutea

Rampún	Prunus spinosa
Rande	Beta vulgaris var. rapacea
Ras, rassa	Alnus incana
Rätsch	Cannabis sativa
Ratte	Sambucus nigra
Ratzger	Prunus avium
Rausch	Arctostaphylos uva ursi
Rava d'crap	Sempervivum tectorum
Rava, rava alba	Brassica rapa var. rapifera
Ravanels	Raphanus sativus
Ravitscha	Brassica oleracea var. capitata
Ravitscha grássa	Chenopodium Bonus Henricus
Razvenna	Heracleum Spondylium
Reckholder	Juniperus communis
Regestiel	Acer platanoides
Relfenhüet	Crocus vernus
Rena, renna	Imperatoria Osthrontium
Réna	Heracleum austriacum
Rèuva	Galium Aparine
Rezinse	Narcissus poëticus
Ried	Phragmites communis und Typha
Rióna	Cuscuta europæa
Ris, il	Oryza sativa
Risch *) d'ail	Allium sativum
Risch d'ansauna	Gentiana purpurea

*) Risch = lat. radix = Wurzel

Risch jelga, risch melna	Daucus Carota
Risch dultga	Polypodium vulgare
Risch staruñdella	Helleborus niger
Risch tamár	Valeriana officinalis
Ritschas	Algæ chlorophyceæ
Rizise	Narcissus Pseudonarcissus
Rócca	Colchicum autumnale
Rolle, rolls	Trollius europæus
Ronas	Beta vulgaris var. cicla
Rŏsa alpina rösas d'alp	Rhododendron ferrugineum
Rösa, rösèrs	Rosa
Rosmari	Rosmarinus officinalis
Rosschestene	Aesculus Hippocastanum
Rosschümmig	Anthriscus sylvestris
Rossstengel	Bartsia alpina
Rotjenze	Gentiana purpurea
Rückechrut	Arthemisia Absinthium
Rüéble	Daucus Carota
Runggelruebe	Beta vulgaris var. rapacea
Runggle	Beta vulgaris var. rapacea
Saláta	Lactuca sativa
Sabü	Sambucus
Sale, sálesch, salschs pl.	Salices
Sahle	Salix
Sale, salsch	Salix Caprea
Salign	Triticum
Salvia	Salvia pratensis
Sandblackte	Tussilago Farfara

Sandblackte	Petasites albus
Sanaf alva	Raphanistrum arvense
Sanaf melna	Synapis arvensis
Sanddöre	Hippophaë rhamnoides
Satalogs	Colchicum autumnale
Savigna, savina	Juniperus Sabina
Savü cotschen, savüér, savü	Sambucus racemosa
Savü nair	Sambucus nigra
Schafgarbe	Valeriana officinalis
Schärlig, Schärligstengel, Schärling	Heracleum Sphondylium
Schávgia	Allium Schönoprasum
S-chárpa del Segner	Cypripedium Calceolus
Schémber	Pinus Cembra
Schgorz	Pinus Picea
Schgorz	Pinus Abies
Schievselins	Rubus saxatilis
Schindelchore	Hordeum distichum
Schinderchrut	Adenostyles albifrons
Schlangechrut	Verbascum Thapsus
Schlehe, Schlehestude	Prunus spinosa
Schlopa piertg	Solanum nigrum
Schlopétta, schlops	Silene inflata
Schlops	Campanula
Schlops	Gentiana
Schlops	Gentiana verna
Schmalzblüemli	Primula acaulis
Schmalzblüemli	Ranunculus acris
Schmalzblüemli	Ranunculus repens
Schneeberger	Arnica montana
Schneeglocke	Anemone vernalis

Schneeglöggli	Galanthus nivalis
Sehtgélas (pl.)	Alectorolophus hirsutus
Schnittlächt	Allium Schönoprasum
Schokoladeblüemli	Nigritella angustifolia
Schülas (pl.)	Rumex Acetosa
Schwälch	Viburnum Lantana
Schweinblackten	Rumex Acetosa
Schwibluome	Leontodon Taraxacum
Schwistöck	Leontodon Taraxacum
Scropuleggi	Silene inflata
Sechsecker	Hordeum hexastichum
Sejál, sejel	Secale cereale
Seckälichrut, Seckelichrut	Capsella Bursa-pastoris
Sekälithör	Capsella Bursa-pastoris
Séleri	Apium graveolens
Selvibletter	Salvia officinalis
Sem signabel	Sinapis arvensis
Sem covan	Cannabis sativa
Sem d'anisch	Pimpinella Anisum
*) Sem glin	Linum usitatissimum
Sephi	Juniperus Sabina
Sephi	Juniperus communis
Sephi	Calluna vulgaris
Sephi	Thuja occidentalis
Sephi	Myricaria germanica
Sétga	Cucurbita Pepo
Sidegras	Elymus europæus
Silberchrut	Alchemilla alpina
Skitzeln	Colchicum autumnale

*) Sem = lat. semen = Samen.

Soppa	Nardus stricta
Spia d'luf	Actæa spicata
Spinat	Spinacia oleracea
Spinatg	Rosa canina
Spinatga, spinàtscha	Berberis vulgaris
Spitzberri	Berberis vulgaris
Spitzblackte	Rumex obtusifolius
Spitzwegeli	Plantago lanceolata
Spogna	Medicago sativa
Sprengberri	Hippophaë rhamnoides
Sprengberri	Lonicera Xylosteum
Sprun da champagna	Delphinium Consolida
Spusegras	Stippa pennata
Stachetta	Eugenia caryophyllata
Starnüdella	Arnica montana
Stechlaub	Ilex Aquifolium
Stechs	Brassica rapa var. rapifera
Steinägeli	Dianthus sylvestris
Steiplackte	Tussilago Farfara
Steirose	Lilium bulbiferum
Stinkrose	Pæonia officinalis
Storze	Brassica oleracea var. capitata
Stürchel	Prunus avium
Suger	Prunus avium
Suramptle	Rumex Acetosa
Suratgé, surétgas	Sorbus Aria
Sürlig	Rumex Acetosa
Suschigna	Rubus saxatilis
Süsswürzli	Polypodium vulgare
Suvitg	Sambucus nigra

Tabakröhrlistude	Hippophaē rhamnoides
Tája con l'arbàglia	Pisum sativum
Taja d'utschè	Vicia cracca
Tane, Tanezäpfe, Tanechries	Abies excelsa
Taue, Tanezäpfe, Tanechries	Abies pectinata
Tanebart	Usnea barbata
Tannája	Anthemis nobilis
Tannrag	Usnea barbata
Täschlichrut	Capsella Bursa pastoris
Taubletter	Alchemilla vulgaris
Taubletter	Alchemilla alpina
Taumantel	Alchemilla vulgaris
Teu, tiou	Pinus silvestris
Tgaia mórta	Viburnum Opulus
Tgargé	Prunus avium
Tgavaiúngs pl.	Allium Schönoprasum
Tgeia stretgs	Crataegus
Tgénta sogn Gion	Artemisia vulgaris
Tgitgivótla	Tragopogon pratensis
Theeblüemli	Tussilago Farfara
Timiàn	Thymus Serpyllum
Tigl	Tilia grandifolia
Toffas d'luf	Fungi
Tolder	Sambucus nigra
Trafögl	Trifolium pratense
Trefigl	Trifolium Spec.
Tregel	Cannabis sativa
Tribchrut	Ranunculus aconitifolius
Triembal, Trémbel	Populus tremula

Trommechnebel	Centaurea Jacea
Tronsférs	Rosa
Troosnägeli	Rhododendron ferrugineum
Troosnägeli	Rhododendron hirsutum
Tros	Alnus viridis
Trüebchrut	Geum montanum
Trüebwürze	Geum montanum
Trummechnebel	Typha latifolia
Trumpeschue	Cypripedium Calceolus
Tschäppelblüemli	Ranunculus montanus
Tschirescher, il Tschirèscha, la	Prunus avium
Tschitlúns	Allium Schönoprasum
Tschiggaue	Chaerophyllum Villarsii
Tschigóla	Allium
Tschinölas	Allium Cepa
Tschispèr, tschispa	Aronia rotundifolia
Tschuggemeii	Primula auricula
Tubakropf	Silene inflata
Tubespeck	Silene inflata
Tüfelsabbiss	Geum montanum
Tulipána	Lilium bulbiferum
Tulipane, Tulipana	Tulipa Gessneriana
Tulipane	Anemonen
Türca, törcha	Zea Mays
Türgg, Türggezapfe, Türggechore	Zea Mays

Üa d'spina	Ribes Grossularia
Ulm	Ulmus campestris
Untertraufer	Pyrus communis
Untertraufer	Pyrus Malus
Ureicla	Urtica dioica
Ureicla salvatga	Lamium album
Ureglias mir	Dryas octopetula
Urtia	Urtica urens
Urtia mòrta	Lamium album
Ussén	Artemisia Absinthium
Uznas, uznèr	Ribus rubrum
Uzum schajatschas, uzuns	Vaccinum uliginosum
Uzun, quatter fögl	Paris quadrifolia
Uzun, uzuns	Vaccinium Myrtillus
Vangas, fögl' ascha	Rumex Acetosa
Vaungas pl.	Chenopodium Bonus Henricus
Vduogn	Betula alba
Versas	Brassica olerace var. sabauda
Vieli, Viöli, Viöleli, Vióla	Viola odorata
Vieli	Cheiranthus
Vierecker	Hordeum vulgare
Vinatga, vignàtscha	Berberis vulgaris
Vit, vigna	Vitis vinifera
Vogelerbse	Vicia sepium
Vögelisürlig	Oxalis Acetosella
Vogelsome	Plantago media
Vulm	Ulmus campestris

Wägisse	Plantago media
Waldblackte	Petasites albus
Waldblüemli	Anemone Hepatica
Wärzechrut	Chelidonium majus
Wasserrolle	Caltha palustris
Wasserrolle	Trollius europaeus
Weiddiebe	Euphrasia officinalis
Wide	Viburnum Lantana
Widertat	Sedum acre
Wiechsle, il wiecsler, wiécla	Prunus Cerasus
Wildfräulichrut	Achillea moschata
Wintergrüe	Vinca minor
Wischge	Anonis spinosa
Wissblackte	Petasites niveus
Wissdorn	Cirsium spinosissimum
Wissjenze	Gentiana lutea
Wiss-Wolfswürze	Aconitum Lycoctonum
Wolfwurze	Aconitum Napellus
Wolfwurze	Eriophorum latifolium
Wurmuoth	Artemisia Absinthium
Zadère	Sambucus nigra
Zaidla, cúas d'giat	Nardus stricta
Zassle	Sambucus nigra
Zelleni	Corylus Avellana
Ziegerchrut	Melilotus coerulea
Ziegerchrut	Mentha sylvestris
Zipärli	Prunus insititia
Zitlose	Colchicum autumnale

Zitterli	Briza media
Zónder, Zóndra	Pinus montana
Zopfballe	Plantago media
Zücha	Cucurbita Pepo
Zweiecker	Hordeum distichum
Zwetschgè	Prunus domestica
Zwierggele	Abies pectinata
Zwierggele	Prunus avium

www.ingramcontent.com/pod-product-compliance
Lightning Source LLC
Chambersburg PA
CBHW020233090426
42735CB00010B/1680
9783743365599